FORSCHUNGSBERICHT DES LANDES NORDRHEIN-WESTFALEN

Nr. 2924/Fachgruppe Geisteswissenschaften

Herausgegeben vom Minister für Wissenschaft und Forschung

Dr. paed. Dipl. Math. Hans Koops
Prof. Dr. rer. nat. Dipl. Math. Peter Sorger

Pädagogische Hochschule Westfalen Lippe
Abteilung Münster

Fallstudien zum mathematischen Fähigkeitsfaktor Räumliches Vorstellungsvermögen bei sechs- bis achtjährigen Schülern

Westdeutscher Verlag 1980

CIP-Kurztitelaufnahme der Deutschen Bibliothek

Koops, Hans:
Fallstudien zum mathematischen Fähigkeitsfaktor Räumliches Vorstellungsvermögen bei 6 - 8jährigen Schülern / Hans Koops ; Peter Sorger. - Opladen : Westdeutscher Verlag, 1980.

(Forschungsberichte des Landes Nordrhein-Westfalen ; Nr. 2924 : Fachgruppe Geisteswiss.)
ISBN-13: 978-3-531-02924-5 e-ISBN-13: 978-3-322-88207-3
DOI: 10.1007/978-3-322-88207-3

NE: Sorger, Peter:

Gesamtherstellung: Westdeutscher Verlag

ISBN-13: 978-3-531-02924-5

INHALTSVERZEICHNIS

1. Einleitung

Die vorliegende empirische Untersuchung schließt an teststatistische Untersuchungen zum mathematischen Fähigkeitsspektrum 6 - 8jähriger Schüler von FREUND/SORGER ([5], [6]) an, deren Auswertung im Rahmen eines ebenfalls vom Lande NRW geförderten Forschungsvorhabens vorgenommen wurde ([2]).

Der dort durchgeführte faktorenanalytische Ansatz erwies sich - vor allem für die betrachtete Altersstufe - als unbefriedigend; insbesondere liefert er keine Aussagen über Vorgehensweisen und Strategien, die von den Schülern beim Lösen entsprechender Aufgaben vollzogen werden (vgl. [14], [15]).

In der hier dargestellten Untersuchung wird daher eine Veränderung des Untersuchungsansatzes vorgenommen. Ihr Ziel besteht nicht in der Identifizierung statistisch abgesicherter Fähigkeitsfaktoren, vielmehr werden einzelne (durch Klassen von Aufgaben mit inhaltlich homogenen Leistungsanforderungen charakterisierte) Fähigkeitsbereiche einer auch qualitative Aspekte des Lösungsprozesses berücksichtigenden Analyse unterzogen.

Eine erste Konkretisierung der veränderten Untersuchungsrichtung erfolgt hier in bezug auf den Fähigkeitsbereich Raumvorstellung[1)]. Die erstaunlich guten Leistungen der Erstkläßler in den Tests zum räumlichen Vorstellungsvermögen von FREUND/SORGER hinsichtlich der Fähigkeit zur Analyse perspektivischer Darstellungen räumlicher Objekt(e) (-konfigurationen) legten es nahe, diesen Bereich anhand von Aufgabenstellungen, die in stärkerem Maße konstruktive Aktivitäten beinhalten, detaillierter zu untersuchen.

Die inhaltliche Strukturierung der Untersuchung orientiert sich dabei an der Theorie OLSONs ([22]) über die Abhängigkeit einer jeglichen (mathematischen) Aktivität von dem Medium, in dem sie vollzogen wird.

Unter Medium ist ein Bereich zu verstehen, dem einschlägige Informationen entnommen oder in dem gewonnene Informationen verarbeitet werden, z. B. die Sprache, die konkrete Handlung, das Zeichnen oder die Notation auf dem Arbeitsblatt. Jedes Medium erfordert zu seiner Beherrschung die Berücksichtigung einer bestimmten Klasse von Teilinformationen; Medien mit erhöhtem Anspruchsgrad zeichnen sich durch eine größere Anzahl zu beachtender Informationen aus.

Die inhaltliche Anlage der Untersuchung ergibt sich als Konkretisierung dieses Ansatzes auf den Bereich der Wahrnehmung und Konstruktion räumlicher Objekt(e) (-konfigurationen) und deren ebener Darstellung: es soll die Fähigkeit der Schüler untersucht werden, Würfel(konfigurationen), die in verschiedenen Medien (konkrete Würfel, Zeichnung sowie ein neu entwickeltes Plättchenmaterial) vorgegeben sind, in einem anderen dieser Medien zu reproduzieren. Dabei interessieren vor allem zwei Fragestellungen: zum einen die Abhängigkeit der Rekonstruktionsleistungen von dem Bereich, in dem sie durchgeführt werden, zum anderen der Einfluß, den die Art der Informationsdarbietung auf das Rekonstruktionsverhalten der Versuchspersonen ausübt.

Methodisch liegt der Schwerpunkt dieses Ansatzes in der Herstellung einer Synthese zwischen bisher scheinbar unvereinbaren Untersuchungsmethoden: der qualitativen (sich an individuellen Prozeßabläufen orientierenden) Analyse und der quantitativen (an der Gewinnung statistisch gesicherter Aussagen interessierten) Analyse.

Eine derartige Synthese wird erreicht:

- durch eine systematische Beobachtung auch prozessualer Aspekte des Lösungsvorganges, welche die Möglichkeit sowohl zu qualitativen Bewertungen von Lösungsstrategien als auch zur quantitativen Erfassung bestimmter Prozeßkomponenten gibt
- durch den Einbau der Tests von FREUND/SORGER in die Gesamtuntersuchung.

Der vorliegende Band gliedert sich in drei Teile.
Zunächst wird auf die vorliegenden theoretischen Konzepte und empirischen Befunde eingegangen, die für eine inhaltliche Einordnung der geplanten Untersuchung von unmittelbarer Bedeutung sind[2] (Kapitel 2), anschließend wird die eigene Untersuchung in ihrer Planung und Durchführung dargestellt (Kapitel 3) sowie deren Auswertung vorgenommen (Kapitel 4).

Da zu dem in dieser Untersuchung angesprochenen Fragenkomplex kaum Vorerfahrungen vorliegen, auf deren Grundlage eine gezielte Hypothesenbildung erfolgen könnte, besitzt die vorliegende Studie vorwiegend hypothesengenerierenden Charakter. Auf eine Hypothesenformulierung (im statistischen Sinne) wird verzichtet; eine gezielte Überprüfung der hier gewonnenen Resultate müßte weiteren Untersuchungen vorbehalten bleiben.

2. Fähigkeitsbereich Räumliches Vorstellungsvermögen

In diesem Abschnitt wird der allgemeine theoretische Ansatz vorgestellt, der der geplanten Untersuchung zugrunde liegt, und anschließend auf spezielle Teilaspekte, die in unmittelbarer inhaltlicher Beziehung zu der eigenen Untersuchung stehen, eingegangen. Eine umfassende Darstellung auch anderer Raumvorstellungskonzepte wird in ([12]) gegeben.

2.1 Der wahrnehmungspsychologische Ansatz OLSONs

OLSON ([22]) sieht in seiner Interpretation der kognitiven Entwicklung - im Gegensatz etwa zu PIAGET ([23]) - Wahrnehmung und Vorstellung als ein einheitliches, nicht trennbares Konzept.

Grundlage seines Ansatzes bildet die Differenzierungstheorie des Wahrnehmungslernens, wie sie etwa von GARNER ([8]), E.J. GIBSON ([9]) und J.J. GIBSON ([10]) vertreten wird. Es ist daher notwendig, auf diesen wahrnehmungstheoretischen Ansatz kurz einzugehen.

Nach E.J. GIBSON beinhaltet Wahrnehmung zwei Aspekte: das Erscheinen eines Ereignisses oder Objektes vor dem Organismus sowie die Aufnahme des Erscheinenden durch den Organismus. Vom Individuum wirklich aufgenommen werden dabei nicht die gesamten wahrnehmbaren Informationen, sondern nur bestimmte Merkmale eines Objektes. Berücksichtigt werden solche Merkmale, die es gestatten, ein Objekt von anderen, ähnlichen zu differenzieren.

Die Wahrnehmung eines Objektes erfolgt demnach nicht für sich isoliert, sondern in bezug auf ein Bündel von Alternativen, die das dem Betrachter Wesentliche des Betrachteten ausmachen. Je mehr wahrnehmungsmäßig gewonnene Informationen berücksichtigt werden, d.h. je größer die Zahl der Alternativen ist, zwischen denen differenziert wird, um so besser wird ein Objekt wahrgenommen, d.h. von ähnlichen Objekten unterschieden.

Die Entwicklung der Wahrnehmung läßt sich somit als Fähigkeit, zunehmend mehr Informationen zu berücksichtigen, umschreiben. So würde sich etwa die Entwicklungsfolge bezüglich der Identifizierung einer gerichteten Strecke idealisiert wie in Abb. 1 darstellen.

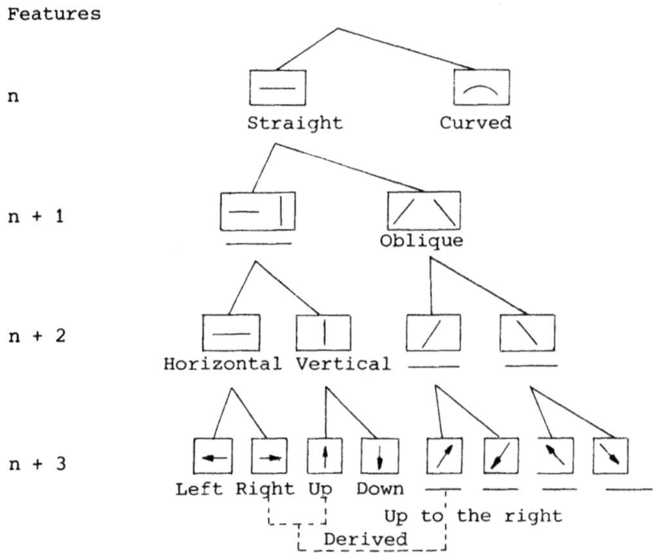

Abb. 1: Hypothetische Entwicklungsfolge des Konzepts der gerichteten Strecke (aus: OLSON [22], S. 178)

Empirisch wird dieser Ansatz unter anderem durch Untersuchungen gestützt, in denen die Augenbewegungen der Versuchspersonen bei der visuellen Wahrnehmung von Bildern verfolgt werden (OLSON [22], E.J. GIBSON [9] , VERNON [26]). Danach erforschen Kinder bis etwa 7 Jahren das Wahrnehmungsfeld planlos und überwiegend global und neigen dazu, mit ihrem Blick an einem einzigen dominanten Merkmal haften zu bleiben, während Erwachsene in der Lage sind, ein Objekt hinsichtlich der Merkmale, die in dem jeweiligen Zusammehang von Bedeutung sind, visuell systematisch zu untersuchen. Diese inadäquate Strategie jüngerer Kinder ist nach GIBSON darauf zurückzuführen, daß sie mangels genauer Vorstellungen über die Gesichtspunkte, auf die geachtet werden muß, d.h. über die möglichen Alternativen, nicht fähig sind, sich auf die Eigenschaften, die zur Identifikation eines Objektes wesentlich sind, zu konzentrieren und die jeweils irrelevanten Merkmale zu vernachlässigen.

Dieselben Mechanismen, die nach GIBSON und anderen die Entwicklung der Wahrnehmung erklären, legt nun OLSON auch für den größeren Bereich der kognitiven Entwicklung zugrunde.

Danach sind Intelligenzleistungen von Wahrnehmungs- (Erkennungs-) leistungen allein dadurch zu unterscheiden, daß bei ihnen andersartige, insbesondere eine größere Zahl von Informationen beachtet werden müssen. "Performing an act such as copying, making or speaking requires different perceptual information than the act of perceiving or recognizing an event amongst a set of simple alternatives" ([22], S. 183).

Die empirischen Grundlagen dieser Theorie bilden mehrere Untersuchungen OLSONs zur Konstruktion der Diagonalen bei jüngeren Kindern. Die Beziehung zwischen wahrnehmungsgeprägten Verhaltensweisen und solchen, die in stärkerem Maße Vorstellungsakte beinhalten, wird besonders deutlich an den Rekonstruktionsversuchen jüngerer Versuchspersonen mit Hilfe verschieden gestalteter Steckbretter (Abb. 2).

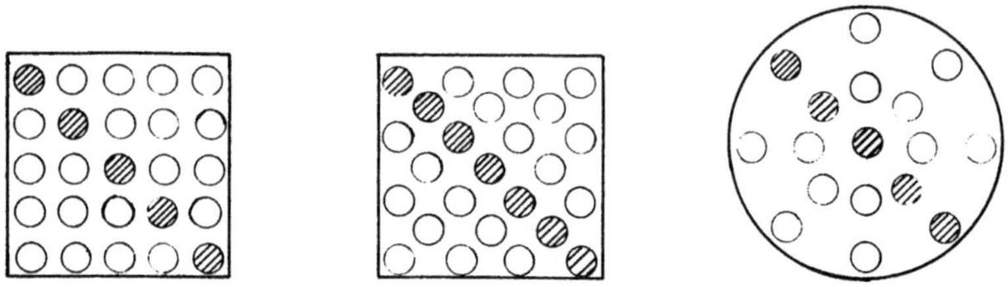

a) b) c)

Abb. 2: Verschiedene Formen von Steckbrettern
(aus: OLSON [22], S. 26)

3-5jährige erhielten die Aufgabe, bei den Steckbrettern a) und b) jeweils eine Kante, eine "innere" Zeile oder Spalte und eine Diagonale sowie bei Steckbrett c) die Horizontale, Vertikale und Diagonale zu rekonstruieren.

Die Ergebnisse zeigen, daß

1. bei den Steckbrettern a) und b) jeweils die Kante am leichtesten und die Diagonale am weitaus schwierigsten zu rekonstruieren ist
2. das runde Steckbrett sich - insbesondere hinsichtlich der Diagonalen - als einfacher erweist als die beiden anderen und
3. Kinder, die eine Aufgabe korrekt lösen, in der Regel auch die leichtere(n) Aufgabe(n) bewältigen.

Offenbar berücksichtigen Kinder bei ihren Rekonstruktionen zunächst stark wahrnehmungsgebundene Merkmale wie Kante, Parallelität zu Bezugsachsen und Nähe und werden erst allmählich fähig, über solche elementaren Merkmale hinaus detailliertere Informationen, d.h. Informationen mit einem größeren Reservoir an Alternativen zu verwerten, die benötigt werden, um etwa die Diagonale korrekt nachstecken zu können.

Ein Scheitern bei einer bestimmten Aufgabenstellung führt OLSON demnach darauf zurück, daß dem Individuum die Informationen, die zur Lösung benötigt werden, (noch) nicht zur Verfügung stehen.

Betrachtet man z.B. die Aufgabentypen

a) Erkennen einer Diagonalen (aus mehreren vorgegebenen Figuren)

b) Rekonstruktion einer Diagonalen mittels Steckbrett und

c) zeichnerisches Rekonstruieren einer Diagonalen

so läßt sich der festgestellte deutlich wachsende Anspruchsgrad damit erklären, daß bei a) je nach angebotenen Alternativmustern nur isolierte Einzelaspekte zu beachten sind, bei b) bereits an mehreren Stellen (bei jedem zu setzenden Stekker) eine kleine Anzahl von Alternativen vorliegt, während bei zeichnerischen Wiedergaben zu jedem Zeitpunkt der Aktivität unendlich viele mögliche Alternativen existieren, die durch die ausschließliche Beachtung von Teilinformationen nicht mehr differenziert werden können, sondern die Berücksichtigung eines Gesamtsystems von Informationen erfordern.

Die an diesem Beispiel deutlich sichtbare Abhängigkeit einer Leistung von dem Medium, in dem sie vollzogen wird, spielt bei OLSON eine zentrale Rolle. Unter Medium versteht OLSON dabei "a range or a domain of performatory activity" ([22], S. 184), also einen Bereich, in dem (kognitive) Aktivität aufgrund wahrnehmungsmäßig gewonnener Informationen erwartet wird. Medien in diesem Sinne bilden z.B. kulturelle Errungenschaften wie Zeichnen, Sprechen, Zählen aber auch Bereiche wie Fortbewegen und Fangen. Jedes dieser Medien erfordert zu seiner Bewältigung die Berücksichtigung anderer, spezifischer Informationen. Anforderungen jeglicher Art dürfen daher nach OLSON nicht isoliert, sondern nur in einem Zusammenhang mit dem zugrunde liegenden Medium gesehen werden. Der Begriff der Intelligenz, wie sie etwa in Intelligenztests gemessen wird, erscheint unter diesem Blickwinkel als Ausdruck der Fähigkeit, bestimmte Medien, die in unserer Kultur eine zentrale Stellung einnehmen, zu beherrschen.

Wie bei PIAGET besitzt die Handlung (hier innerhalb eines Mediums) dabei eine entscheidende Funktion. Nach OLSON ist es jedoch nicht die Handlung selbst, die verinnerlicht wird, sondern die Handlung schafft nur die Möglichkeit, sich der jeweils relevanten Alternativen bewußt zu werden und weitere benötigte

Informationen zu sammeln, was durch bloßes Betrachten allein nicht geleistet werden kann. So sind z.B. euklidische und projektive Begriffe wie rechter Winkel, Quadrat und Perspektive entwicklungsgeschichtlich erst zu dem Zeitpunkt entstanden, als versucht wurde, Objekte, die diese Eigenschaften beinhalten, zeichnerisch darzustellen (vgl. 2.4.2). Auch andere Medien (Zahlensystem, Sprache) sind in ihren grundlegenden Eigenschaften nur dadurch erkannt (und weiterentwickelt) worden, daß versucht wurde, in ihnen zu arbeiten.

Obwohl die Konzeption OLSONs gerade unter dem Aspekt der Medienabhängigkeit intellektueller Leistungen wichtige, vermutlich auch für die didaktische Praxis auswertbare Strukturierungsgesichtspunkte und Interpretationsmöglichkeiten liefern dürfte, läßt sie eine Reihe von Fragen offen, die teilweise auf mögliche Ansatzpunkte weiterer Forschungen hinweisen.

Einige Punkte seien hier aufgeführt.

1. Der Ansatz OLSONs liefert keine überzeugende Erklärung über die Mechanismen, die es ermöglichen, zunehmend umfangreichere Informationen zu berücksichtigen und die jeweils benötigten Informationen aus dem gesamten zur Verfügung stehenden Potential abzurufen.

2. OLSON sieht seinen Ansatz als grundlegend für intellektuelle Prozesse jeglicher Art, konkretisiert und überprüft ihn jedoch nur im Hinblick auf Rekonstruktionsleistungen, speziell bezüglich des Diagonalenkonzeptes.

3. OLSON sieht den Begriff des Mediums vorwiegend in dessen Eigenschaft als Bereich, in dem Aktivitäten durchgeführt werden. Daneben kann ein Medium jedoch auch eine passive Funktion übernehmen, indem es als Bereich dient, dem die zu verarbeitenden Informationen entnommen werden, wie z.B. bei Rekonstruktionsaufgaben die Sprache, eine fertige Lösung oder das Vorführen eines Lösungsvorganges es sein können. OLSON betont zwar den Einfluß, den die Art der Informationsdarbietung und Instruktion auf die geforderte Leistung ausüben kann, bezieht diesen Aspekt

allerdings nicht in seine Untersuchungen mit ein. "An exhaustive list of these media, an assessment of their effects in different types of performatory acts and a theory of their interrelationships would be a suitable goal for a theory of instruction." ([22], S. 201)

Die im Rahmen dieses Forschungsvorhabens durchgeführte Untersuchung knüpft in ihrer inhaltlichen Gestaltung an die beiden zuletzt genannten Punkte an.

Ihre Zielsetzung besteht darin, Rekonstruktionsleistungen im Zusammenhang mit räumlichen Objekten und deren ebenen Darstellungen in Abhängigkeit von verschiedenen Medien zu untersuchen, wobei eine systematische Variation der eingesetzten Medien hinsichtlich beider in 3. erwähnten Komponenten eingeplant ist.

Der genaue Aufbau der Untersuchung wird in Kapitel 3 geschildert; zuvor soll noch auf vorliegende Befunde zu dem speziellen inhaltlichen Problemkreis, in den diese Untersuchung einzuordnen ist, eingegangen werden.

2.2 Entwicklung der bildlichen Repräsentation räumlicher Objekte

Eine zentrale und vielfältige Funktion in dem in diesem Abschnitt angesprochenen Bereich räumlich-visueller Wahrnehmungen und Konstruktionen nimmt der Begriff des Bildes ein. In dem hier diskutierten Zusammenhang lassen sich dem Terminus "Bild" die folgenden vier unterschiedlichen Bedeutungen zuordnen:

1. die ebene Darstellung räumlicher Gegebenheiten, etwa in Form von Fotos, Zeichnungen, Gemälden oder Grafiken,

2. das optische Muster, das bei der Wahrnehmung räumlicher Situationen auf der Netzhaut des Auges (als eine Art Negativ) entsteht,

3. die unmittelbare Verarbeitung eines solchen Musters durch die Mechanismen des Sehapparats und des Gehirns, die bereits zu einer Filterung, Organisation und auch Interpretation der wahrgenommenen Informationen führt, jedoch an die visuelle Präsenz des Objektes gebunden ist und

4. die (gedächtnishafte) gedankliche Vorstellung einer Situation oder eines Objektes, die Voraussetzung für jede über die Wahrnehmung hinausgehende "räumliche" Aktivität ist.

Aus dem vielfältigen Beziehungsgeflecht zwischen diesen Komponenten sind in bezug auf die eigene empirische Untersuchung zwei Fragenkomplexe von besonderer Bedeutung, auf die näher eingegangen werden soll: zum einen der Bereich der Wahrnehmung bildlicher Darstellungen räumlicher Gebilde (Zusammenhang zwischen Aspekt 1 und den Aspekten 2 und 3), zum anderen die zeichnerische (Re-) Konstruktion dreidimensionaler Objekte (Zusammenhang besonders der Aspekte 1 und 4).

2.2.1 Wahrnehmung

Zwischen der visuellen Wahrnehmung realer (räumlicher) Situationen und der Wahrnehmung entsprechender zweidimensionaler (etwa fotografischer) Darstellungen bestehen einige erhebliche Differenzen.

Ein grundlegender Unterschied wird durch die Tatsache bewirkt, daß die Funktionsweisen des Auges und der Linse einer Kamera nicht vergleichbar sind, das mittels Wahrnehmung gewonnene Bild also nicht einer Fotografie entspricht. Das Auge liefert im Gegensatz zu einer Fotoaufnahme kein starres, globales Bild, sondern spielt beim Informationsaufnahmeprozeß eine überaus aktive Rolle (vgl. 2.1). Zu jedem Zeitpunkt erscheint nur ein Ausschnitt des gesamten Wahrnehmungsfeldes auf der Netzhaut scharf und deutlich; erst die Bewegungen des Auges ermöglichen es, durch ständig wechselnde Fixierungen einen Gesamteindruck zu gewinnen.

Darüber hinaus erweist sich das derartig gewonnene Bild auch insofern als in seiner Struktur einzigartig, als dessen Konstruktion nicht mit Hilfe einer "Linse", sondern anhand der unterschiedlichen "Aufnahmen" zweier Augen erfolgt.

Die Wahrnehmung eines konkreten Objektes beinhaltet daher nicht in dem Maße ein perspektivisches Sehen, wie es mit der Wahrnehmung perspektivischer Darstellungen verbunden ist. Ein Objekt kann als "Objekt" wahrgenommen werden, eine ebene Abbildung dagegen erfordert zur Interpretation zwangsweise die Berücksichtigung eines Standortes, von dem aus der Gegenstand erscheint. Sie bewirkt daher "eine Wahrnehmung, die nicht direkt, sondern vermittelt ist, sozusagen eine Wahrnehmung aus zweiter Hand" (J.J. GIBSON [10], S. 279).

Die Schlüsselreize, die z.B. einer Fotografie oder einem Gemälde einen räumlichen Ausdruck verleihen, also eine Tiefenwirkung verursachen, sind keineswegs spezieller Natur, sondern für die

Abb. 3: Tiefenwirkung einer Fotografie
Mit freundlicher Genehmigung des Verlages aus: Sorger/Freund/Röhrl, "Treffpunkt Mathematik", 5. Schuljahr, Verlag Herder, Freiburg.

räumliche Wahrnehmung allgemein von Bedeutung. Dazu gehören unter anderem (vgl. Abb. 3) kontinuierliche Veränderungen der Größe, Farbeigenschaften und Oberflächentextur (Feinheit der Oberflächenstruktur) mit zunehmender Entfernung, die erhöhte Anordnung von (in der Realität) weiter hinten befindlichen Objekten, die Konvergenz von im Raum in die Tiefe verlaufenden parallelen Linien, Schattierungen der Seiten, Schatten der Objekte und das Verdecken der Objekte durch weiter vorn befindliche Gegenstände.

Bezogen auf perspektivische (Umriß-) Zeichnungen einzelner räumlicher Objekte entfallen die meisten der obigen Reize. Hier sind es offenbar spezifischere Merkmale, die für die Vermittlung eines räumlichen Eindruckes verantwortlich sind.

Da perspektivische Darstellungen des Würfels bei der dieser Arbeit zugrunde liegenden Untersuchung eine zentrale Rolle einnehmen, soll auf die Fragen der Tiefenwahrnehmung bei perspektivischen Zeichnungen am Beispiel dieser Figur näher eingegangen werden.

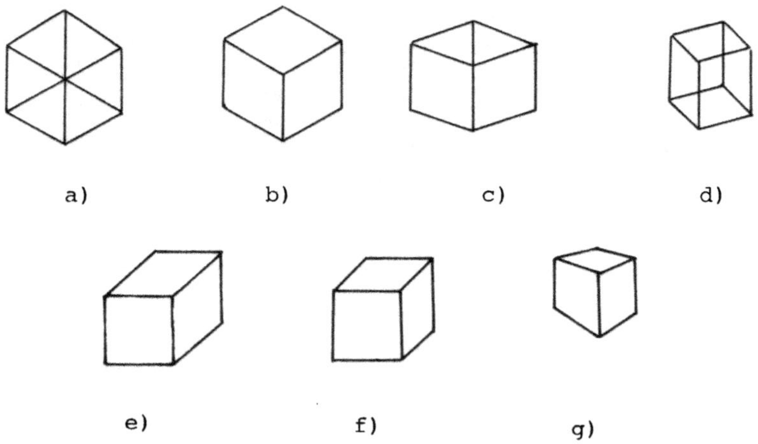

Abb. 4: verschiedene Würfeldarstellungen mit unterschiedlicher Tiefenwirkung (vgl. ARNHEIM [1], LESH [16])

Abb. 4 zeigt mehrere in ihrer Wirkung sehr unterschiedliche Wiedergaben eines Würfels. Als unverzichtbar für die Vermittlung von Dreidimensionalität erweist sich die Existenz von Schräglinien, die die Tiefenausdehnung des Raumes wiedergeben.

Ein weiteres erklärendes Moment (auch für den sehr unterschiedlichen Grad an Tiefenwirkung der Darstellungen von Abb. 4) bildet der Aspekt der Symmetrie. "Wenn eine einfache Symmetrie in zwei Dimensionen erreicht werden kann, sehen wir eine Flächenfigur, wenn sie drei Dimensionen braucht, sehen wir einen Körper." (ARNHEIM [1], S. 218). Ein Muster wird demnach erst dann räumlich gesehen, wenn eine solche Interpretation eine Vereinfachung darstellt.

So bildet z.B. Abb. 4 a bei ebener Interpretation eine stark symmetrische und damit einfache Figur; es besteht keine Notwendigkeit, sie räumlich zu sehen. Ein solcher Eindruck entsteht erst dann, wenn das Hexagon in unmittelbare Beziehung zu anderen Würfeldarstellungen gebracht wird.

Ein gegenüber Abb. 4 a erhöhter Tiefeneindruck kann durch Zerstören ebener Symmetrien, also etwa durch Anwenden des Überdeckungsprinzips (Abb. 4 b) oder durch Veränderung des Blickwinkels (Abb. 4 c, d) erreicht werden, wobei der Zwang zur Dreidimensionalität sich bei der (eben gesehen) unsymmetrischen und damit komplexen Figur von Abb. 4 d gegenüber Abb. 4 c noch verstärkt.

Vorteilhaft im Sinne einer dreidimensionalen Wahrnehmung wirken sich des weiteren die Verkürzung der aus der Projektionsebene hinausführenden Linien (Vergleich Abb. 4 e und 4 f) sowie insbesondere der Übergang von der parallelperspektivischen (Abb. 4 a - f) zur zentralperspektivischen Darstellung (Abb. 4 g) aus, die der Wahrnehmung des realen Objektes am stärksten entspricht.

Darüber hinaus ist in Abb. 4 g im Gegensatz etwa zu Abb. 4 d die Möglichkeit zu einer doppeldeutigen räumlichen Interpretation nicht mehr gegeben; die Konvergenz der Schräglinien in Abb. 4 g legt deren Richtung eindeutig fest, während z.B. in Abb. 4 d der Würfel sowohl von schräg unten als auch von schräg oben gesehen werden kann, je nachdem, wie die Schräglinien interpretiert werden.

Hier sind im selben Reiz "zwei Werte von Reizinformationen vorhanden, die einander die Waage halten" (J.J. GIBSON [10], S. 304).

Ein räumlicher Eindruck bleibt auch dann noch bestehen, wenn in ein und derselben Figur einander widersprechende Reizinformationen vorliegen, wenn also Teile der Figur aus unterschiedlichen Perspektiven dargestellt scheinen (vgl. Abb. 5).

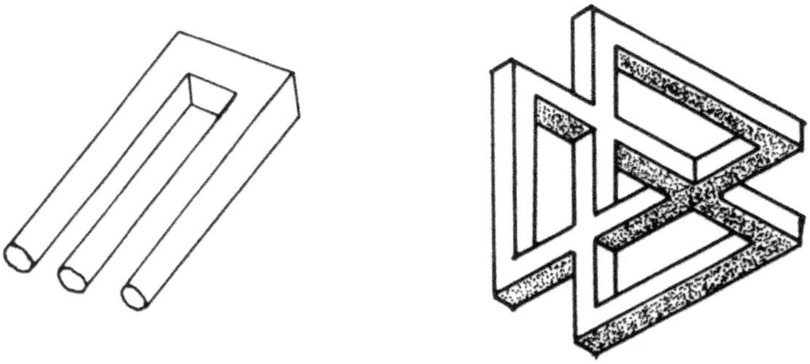

Abb. 5: Beispiele für "unmögliche" Objekte (aus: LESH/ MIERKIEWICZ [17], S. 22, VERNON [27], S. 143)

Bei diesen Figuren konkurrieren offenbar verschiedene, nicht zu einem konsistenten Gesamteindruck zu integrierende Schemata miteinander. Dieser Konflikt wird um so größer, je näher die einander widersprechenden Informationen angeordnet sind, dennoch "wird die dreidimensionale Konvention nicht zerstört, solange man die widersprüchlichen Schlüsselreize nicht gleichzeitig sieht." (VERNON [27], S. 144).

2.2.2 Zeichnerische Darstellung

Die Entwicklung der bildnerischen Darstellungsweise bei Kindern läßt sich unter zwei Gesichtspunkten betrachten: zum einen die Darstellung von in einen Gesamtraum eingebetteten Objekten, zum anderen die Wiedergabe einzelner räumlicher Objekte ohne Berücksichtigung des umgebenden Raumes.

Die Entwicklung der zeichnerischen Repräsentation eines Gesamtraumes läßt sich grob durch die folgenden Stufen kennzeichnen (MITCHELMORE [20], MEYERS [19]).

<u>Stufe 1:</u> (etwa 4 - 7 Jahre)

In dieser Phase werden Objekte ohne jeglichen Bezug zueinander und zu einer Grundlinie oder Grundfläche dargestellt; sie "schwimmen" im Raum (Abb. 6).

Abb. 6: Beispiel für eine Kinderzeichnung in Stufe 1
(aus: MÜHLE [21], Tafel XXXV)

Stufe 2: (etwa 6 - 10 Jahre)

Hier übernimmt die Zeichenebene (Abb. 7 a) oder eine ausgezeichnete Linie (Abb. 7 b) die Funktion der Standfläche, an der sich die Objekte aufrichten. Tiefenschlüssel werden jedoch noch nicht beherrscht, die Darstellung bleibt zweidimensional. Je nach den Erfordernissen der dargestellten Situation kann die Zeichenebene sowohl den horizontalen (Breite und Tiefe, vgl. Abb. 7 a) als auch den vertikalen Raum (Breite und Höhe, vgl. Abb. 7 b) repräsentieren.

Stufe 3: (etwa 8 - 12 Jahre)

In dieser Phase werden erste Tiefeneindrücke durch Verwendung mehrerer Grundlinien, Überschneidungen und Berücksichtigung von durch die Tiefenausdehnung bedingten Größenunterschieden vermittelt. Diese sind jedoch noch fragmentarisch und in keiner Weise koordiniert; insbesondere wird keine einheitliche Perspektive gewählt (Abb. 8).

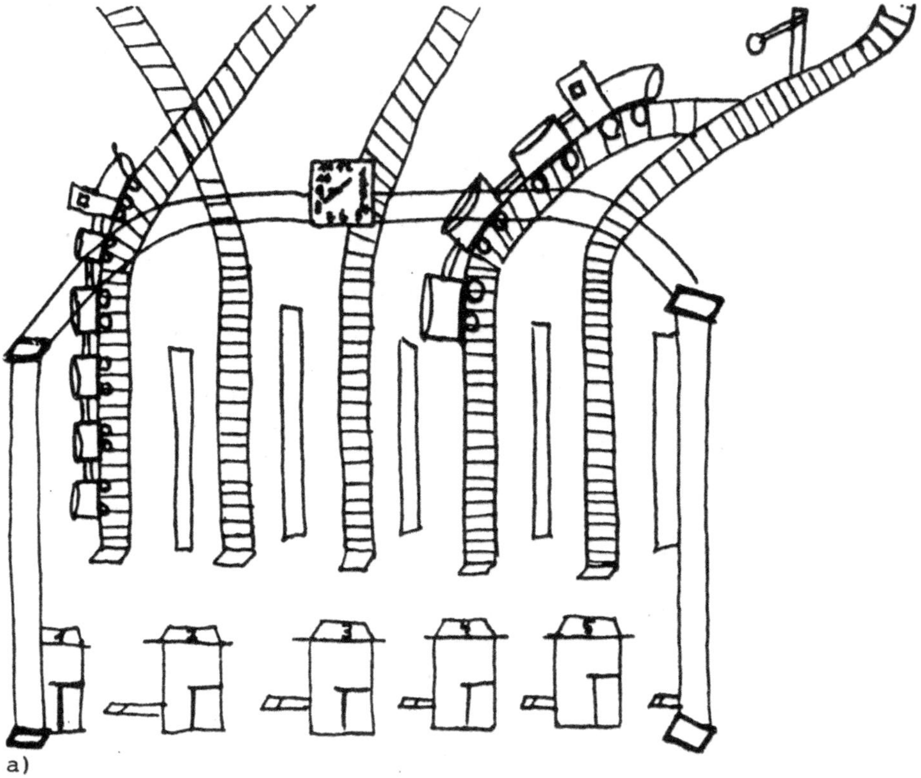

a)

Abb. 7: Beispiele für Kinderzeichnungen in Stufe 2
(aus: MEYERS [19], S. 75, MÜHLE [21], Tafel XVIII)

Abb. 8: Beispiel für eine Kinderzeichnung in Stufe 3 (aus: MEYERS [19], S. 84)

Stufe 4: (etwa ab 10 Jahren)

Die Tiefendimension wird hier "korrekt", d.h. in Beziehung zu einer Grundfläche und unter Einbeziehung des Horizontes repräsentiert (Abb. 9).

Eine im wesentlichen analoge Entwicklungsfolge läßt sich bezüglich der zeichnerischen Darstellung räumlicher (geometrischer) Objekte feststellen (MITCHELMORE [20], PIAGET/INHELDER [23]) (vgl. Abb. 10).

Die Altersstufe der 6 - 8jährigen ist vorwiegend dem Stadium 1 (aus Abb. 10) zuzuordnen, in dem z.B. ein Würfel als Quadrat rekonstruiert wird. Perspektivisch korrekte Darstellungen (Stadium 4) sind in größerem Umfang nicht vor 10 Jahren zu erwarten (PIAGET/INHELDER [23], CHETVERUKHIN [3], LEWIS [18]).

Die obigen Zeitzuweisungen haben sich in mehreren interkulturellen Untersuchungen als stark spezifisch für den westlichen Kulturbereich erwiesen. Wiederholt ermittelte zeitliche Verzö-

Abb. 9: Beispiel für eine Kinderzeichnung in Stufe 4
(aus: MEYERS [19], S. 85)

gerungen von mehreren Jahren hinsichtlich der Fähigkeit zur Analyse sowie zur Konstruktion perspektivischer Zeichnungen bei Kindern anderer Kulturkreise zeigen, daß die Bildung der für die zweidimensionale Repräsentation des Raumes gängigen Konventionen wesentlich durch Umwelt- und Erziehungsbedingungen bestimmt werden (MITCHELMORE [20], DEREGOWSKI [4], HUDSON [11]).

Bestätigt findet sich diese These, wenn man die kunsthistorische Entwicklung verfolgt. So wurde die (zentral-) perspektivische Darstellungsform erst in der Frührenaissance (15. Jahrhundert) entwickelt; frühere Kulturen, wie z.B. die der Ägypter, in der in konsequenter Weise mehrere Perspektiven "vermischt" wurden, weisen zum Teil erstaunliche Parallelen zu den oben skizzierten Entwicklungsstufen auf.

GIBSON deutet diese Erscheinung wie folgt: "Ich glaube, daß die Menschen die Perspektive der Dinge solange nicht beachtet hatten, bis sie zeichnen und aufgrund von Zeichnungen wahrnehmen lernten. Zuvor brauchten sie nur die spezifizierenden Invarianten der Dinge, die diese zugleich unterscheiden, zu entdecken - ihre charakteristischen Eigenschaften, nicht ihre momentane Erscheinung oder ihre erstarrte Projektion." ([10], S. 291).

Legt man diesen Interpretationsansatz auch der Entwicklung von Kinderzeichnungen zugrunde (vgl. etwa ARNHEIM [1]), so zeigt sich in "Fehlleistungen" wie in Abb. 10 weniger die Unfähigkeit der Kinder, verschiedene Blickwinkel zu koordinieren (PIAGET), als vielmehr deren Bestreben, die für sie bedeutsamen Eigenschaften des Objektes wiederzugeben. Die Perspektive spielt dabei insofern eine zunächst unwesentliche Rolle, als junge Kinder keine bewußt räumliche Position dem Objekt gegenüber einnehmen.

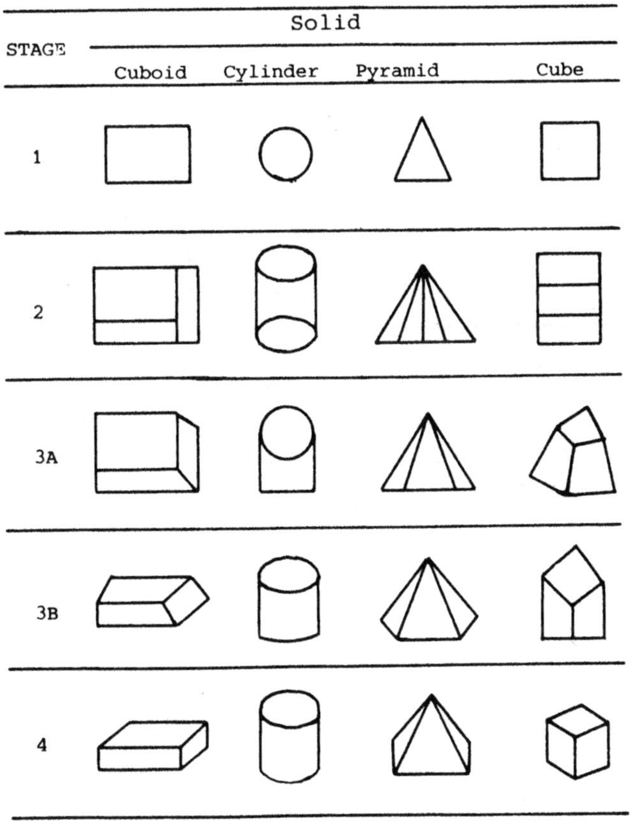

Abb. 10: Entwicklungsphasen der zeichnerischen Darstellung geometrischer Körper (aus: MITCHELMORE [20], S. 156)

Unter diesem Gesichtspunkt können z.B. die Figuren von Abb. 11 durchaus als "gleich gute" Darstellungen eines Würfels angesehen werden (LESH [16]).

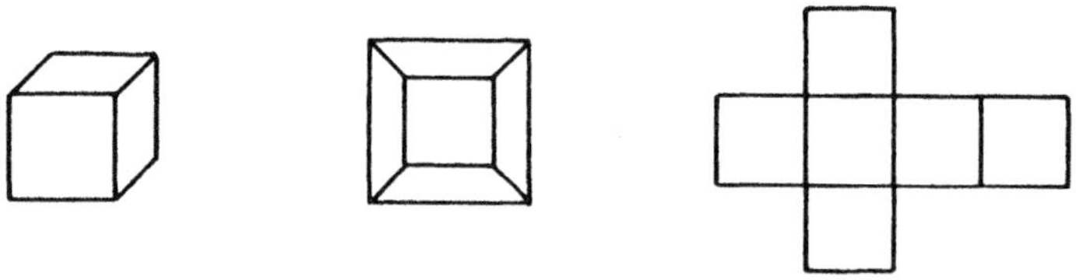

Abb. 11: Möglichkeiten der "Darstellung" eines Würfels

Jede Abbildung gibt bestimmte Merkmale des Würfels adäquat wieder und zerstört andere; so wird etwa in Abb. 11 c die Quadrateigenschaft der Seitenflächen berücksichtigt, nicht dagegen der Zusammenhang der Figur.

Eine der Realität voll entsprechende ebene Wiedergabe räumlicher Objekte ist natürlich nicht möglich; man kann "nur eine Übersetzung geben, d.h. einige wesentliche Eigenschaften der Struktur des visuellen Begriffs durch zweidimensionale Mittel darstellen" (ARNHEIM [1], S. 75).

Bei einer Interpretation zeichnerischer Leistungen sind daher zweierlei Aspekte zu berücksichtigen: zum einen sind Produkte wie in Abb. 6 - 9 Ausdruck eines wie auch immer gearteten Wahrnehmungs- und Vorstellungskonzeptes, zum anderen spiegeln sich in ihnen die spezifischen Anforderungen des Mediums "Zeichnung" (im Sinne von 2.1) wieder.

Der hier angesprochene Fragenkomplex bezüglich des "Charakters" von Kinderzeichnungen wird bei der Diskussion der Ergebnisse der eigenen Untersuchung erneut aufgegriffen werden (vgl. 4.4). Insbesondere wird dort auf die Auswirkungen von Veränderungen in der Art der Informationsdarbietung auf Rekonstruktionsleistungen sowie den Aspekt der Schulbarkeit näher eingegangen.

3. Planung und Durchführung einer Untersuchung

In diesem Kapitel wird eine an Kindern eines ersten Schuljahres durchgeführte empirische Untersuchung ausgehend von der inhaltlichen und methodischen Zielsetzung in ihrem Aufbau geschildert und über ihre Durchführung berichtet.

Darüber hinaus erfolgt eine detaillierte Darstellung des bei der Datengewinnung eingesetzten Instrumentariums sowie der verwendeten Auswertungsverfahren.

3.1 Grobstrukturierung des Untersuchungsvorhabens

3.1.1 Zielsetzungen

Für die geplante empirische Untersuchung ergaben sich zwei Hauptzielrichtungen: zum einen die Konkretisierung einer geeigneten experimentellen Untersuchungsmethode, zum anderen die Präzisierung inhaltlicher Fragestellungen, die Gegenstand der Untersuchung sein sollten.

<u>1. Zielrichtung</u> (methodischer Aspekt)

Es war ein methodologisches Instrumentarium zu entwickeln, bei dem versucht werden sollte, die Vorteile sowohl beobachtender als auch teststatistischer Verfahren in möglichst großem Umfang auszuschöpfen. Das verwendete Untersuchungsverfahren sollte daher

1. die systematische Beobachtung der beim Lösen von Aufgaben ablaufenden Prozesse beinhalten
2. die Möglichkeit zu einer statistischen Auswertung dieser Beobachtungen geben und
3. durch einen geeigneten Versuchsplan eine Verknüpfung mit den vorliegenden Tests von FREUND/SORGER gestatten.

2. Zielrichtung (inhaltlicher Aspekt)

Es waren geeignete Aufgabenstellungen zu entwickeln, die

1. ähnliche Anforderungen enthalten sollten, wie die in den zugrunde liegenden Raumtests von FREUND/SORGER
2. räumliche Aktivitäten beinhalten sollten, die mehr auf der enaktiven Ebene liegen und in stärkerem Maße als Testblätter konstruktiven Charakter besitzen und
3. es gestatten sollten, die Abhängigkeit von Handlungen von dem Medium (im Sinne von 2.1), in dem sie stattfinden, zu analysieren.

Eine ausführliche Darstellung der methodischen sowie inhaltlichen Strukturierung der Untersuchung erfolgt in den beiden nächsten Abschnitten.

3.1.2 Methodische Anlage

Das Untersuchungsverfahren, das bei dem Versuch einer näheren Analyse einzelner Fähigkeitsdimensionen eingesetzt wurde, läßt sich als "systematische Beobachtung des Leistungsverhaltens einzelner Schüler unter kontrollierten und standardisierten Bedingungen" (KOOPS/SORGER [15], S. 403) umschreiben, im folgenden kurz Fallstudien genannt.

Eine Normierung dieser Fallstudien erfolgt in mehrfacher Hinsicht.

1. Die Aufgabenstellungen wurden systematisch variiert (wachsender Schwierigkeitsgrad) und in einer genau festgelegten Abfolge gegeben.
2. Das Versuchsleiterverhalten orientierte sich an einem im vornherein festgelegten Katalog von Reaktionen, Fragen und Hilfestellungen. Diese Normierung sollte nicht die gesamte Interaktion zwischen Versuchsleiter (Vl) und Versuchsperson (Vp) betreffen, sondern nur unterschiedliche Einflußnahmen des Vls auf den Lösungsprozeß möglichst vermeiden.

3. Als Beobachtungsinstrumente wurden Tonbandaufnahmen, Fotografien und normierte Beobachtungsbögen für jede einzelne Vp gewählt, in denen deren Handlungen von einem Protokollanten festgehalten wurden. Eine damit verbundene Filterung der Lösungsabläufe hinsichtlich bestimmter ausgewählter Aspekte bereits bei der Datengewinnung (vgl. 3.4) erschien in Anbetracht einer angestrebten größeren Zahl von Fallstudien unumgänglich.

4. Die Untersuchungen fanden in Kleingruppen statt, um bei vergleichbarem Aufwand eine gegenüber Einzelstudien weitaus größere Zahl von Vpn einbeziehen zu können.

Neben dieser internen Strukturierung der Fallstudien, durch die diese statistischen Auswertungsmethoden zugänglich gemacht werden sollten, wurde eine Verbindung mit den Tests von FREUND/SORGER durch folgenden Versuchsplan erreicht:

Experimentalgruppe	VT	————	FS	————	NT
Kontrollgruppe	VT	————		————	NT

VT: Vortest NT: Nachtest (Parallelform vom VT)
FS: Fallstudie

Die Auswahl der Schüler für die Fallstudien erfolgte anhand der Vortestergebnisse, wobei je zwei annähernd gleichstarke Schüler der Experimental- bzw. Kontrollgruppe zugewiesen wurden (Parallelstichproben).

Damit bot sich die Möglichkeit,

1. die Repräsentativität der Fallstudien zu erhöhen
2. möglichst leistungshomogene Gruppen für die Fallstudien zu bilden
3. nach dem relativ objektiven Außenkriterium "Vortestergebnis" das Leistungsverhalten "schwacher" und "starker" Gruppen zu vergleichen
4. den Zusammenhang zwischen den Testergebnissen und den Fallstudienergebnissen zu untersuchen und

5. etwaige durch die Fallstudien bedingte Schulungseffekte festzustellen - obwohl die Fallstudien nicht auf eine Schulung hin konzipiert waren.

3.1.3 Inhaltliche Konzeption

Die inhaltliche Präzisierung der Untersuchung ergab sich aus den folgenden Befunden.

1. 6 - 8jährige Kinder sind in der Regel nicht in der Lage, räumliche Objekte in der Zeichenebene perspektivisch korrekt darzustellen, beherrschen also die für die Vermittlung eines Tiefeneindrucks erforderlichen Schlüssel nicht konstruktiv (vgl. 2.2.2).
2. Kinder dieses Alters sind überwiegend dazu fähig, perspektivische Darstellungen räumlicher Gebilde hinsichtlich bestimmter Aspekte zu analysieren. So lag in der Untersuchung von FREUND/SORGER der Anteil der richtigen Lösungen bei den Aufgaben aller Raumtests[3)] über 40 %; einige Items erwiesen sich sogar als zu leicht ([15], S. 401ff).

Diese große Diskrepanz legte es nahe, den Bereich der Wahrnehmung, Interpretation und Konstruktion ebener Darstellungen räumlicher Gebilde näher zu erforschen. Aus der Annahme, daß räumliche Aktivität, wie sie in obigen Aufgabenstellungen gefordert wird, in starkem Maße von dem Medium abhängig ist, in dem sie durchgeführt wird (vgl. 2.1), ergab sich als konkrete Zielsetzung, Rekonstruktionsleistungen im Zusammenhang mit räumlichen Objekten in (Kindern der Eingangsstufe) angemesseneren Medien zu untersuchen, d.h. in Medien, zu deren Beherrschung die Berücksichtigung einer geringeren Zahl wahrnehmungsmäßig zu gewinnender Informationen ausreichend ist.

In Erweiterung des Ansatzes von OLSON wurde der Aspekt der Abhängigkeit einer Leistung von dem verwendeten Medium im Hinblick nicht nur auf dessen aktive Funktion (als Bereich, in dem gearbeitet wird), sondern auch auf seine passive Rolle (als Bereich, dem die zu verarbeitenden Informationen entnommen werden) in die Untersuchung einbezogen (siehe S. 9).

Die im folgenden geschilderten eingesetzten Medien hatten demnach zwei Aufgaben zu übernehmen, hinsichtlich derer sie systematisch variiert wurden. Sie dienten

1. als Arbeitsmittel, mit dem die Vpn Rekonstruktionen durchzuführen hatten (des weiteren Aktivitätsbereich genannt)
2. als Vorlage, nach der die Rekonstruktionen durchzuführen waren (des weiteren Informationsträger genannt).

Insgesamt wurden drei derartige Medien eingesetzt, die sich hinsichtlich der Objekte, die sie repräsentieren, auf Würfel (-konfigurationen) beschränken; da die zugrunde liegenden Tests fast ausschließlich auf solchen Gebilden basieren und Würfel die angenehmsten Baueigenschaften besitzen.

Diese Medien sind

1. konkrete Würfel: Das Bauen mit konkreten Würfeln bildet das (hypothetisch) einfachste der eingesetzten Medien, da, um etwa eine gezeichnete Würfelkonfiguration nachbauen zu können, es ausreicht, elementare geometrische Relationen wie über, vor, rechts neben und eine eventuelle Farbfolge zu berücksichtigen.
2. ein Plättchenmaterial: Hierbei handelt es sich um ebene Würfeldarstellungen in Plättchenform in verschiedenen Farben (Abb. 12), mit denen durch geeignetes Übereinanderlegen Würfelgebilde entsprechend der zeichnerischen Darstellung konstruiert werden können. Rekonstruktionen mit diesen Plättchen erfordern die Beachtung von mehr Informationen als bei konkreten Würfeln (Wahl der Perspektive, korrektes Überdekken), jedoch sind diesem Material bereits eine Reihe von Informationen aufgeprägt, die bei zeichnerischen Rekonstruktionen noch beachtet werden müssen (Parallelität, Tiefendarstellung).

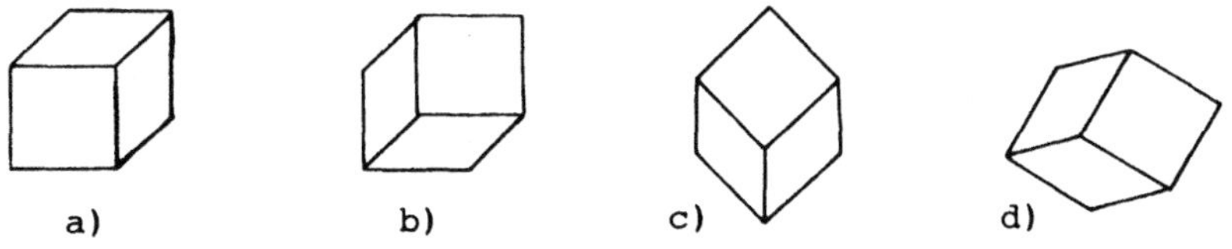

Abb. 12: Plättchen in verschiedenen Lagen[4)]

Als Darstellungsform für diese Plättchen wurde wie auch von FREUND/SORGER die Parallelperspektive[5] gewählt; nur diese Darstellung vermittelt den Plättchen die notwendigen "Baueigenschaften" (Die Plättchen sind gleich groß und damit beliebig zusammensetzbar und austauschbar).

Durch die Wahl des Verkürzungsverhältnisses von 3 : 4 und des Tiefenwinkels von 45° wird die Nähe sowohl zur Kavalierperspektive als auch zur Vogelperspektive[6] erreicht; dadurch sollte eine möglichst große Offenheit des Materials hinsichtlich der perspektivischen Ausrichtung gewahrt bleiben.

3. <u>Zeichnung:</u> Die Zeichnung bildet den voraussichtlich komplexesten der eingesetzten Aktivitätsbereiche, da sie die Berücksichtigung einer Fülle euklidischer und projektiver Relationen erfordert.

Die Würfelbilder in den als Informationsträger (Vorlage) dienenden Zeichnungen entsprachen genau (auch in ihrer Größe) den Plättchen, um einen unmittelbaren Vergleich zu ermöglichen. Analog zu den vorliegenden Tests wurde dabei die der Kavalierperspektive entsprechende Darstellung (Abb. 12 a) gewählt.

Auf der Basis dieser drei Medien ergeben sich bei systematischer Variation des Informationsträgers sowie des Aktivitätsbereiches neun verschiedene Typen von Rekonstruktionsaufgaben, die in Abb. 13 in Form einer Matrix dargestellt sind.

I \ A	Z	P	W
Z	Z → Z	Z → P	Z → W
P	P → Z	P → P	P → W
W	W → Z	W → P	W → W

I: Informationsträger

A: Aktivitätsbereich

Z: Zeichnung

P: Plättchenmaterial

W: Würfel

Abb. 13: Übersicht über die Typen von Rekonstruktionsaufgaben mit den Medien Zeichnung, Plättchen und konkrete Würfel

In dieser Matrix bedeutet etwa Z⟶P, daß zeichnerisch vorgegebene Würfelkonfigurationen mit Hilfe des Plättchenmaterials nachzulegen sind; dagegen besagt P⟶W, daß mit den Plättchen gelegte Würfelgebilde mit konkreten Würfeln zu rekonstruieren sind.

Die inhaltliche Präzisierung der Untersuchung erfolgte auf der Grundlage der in Abb. 13 dargestellten Aufgabentypen. Ihr genauer Aufbau (vgl. 3.3) ergab sich aus den in einem Vorversuch gewonnenen Erfahrungen, auf den in 3.2 näher eingegangen wird.

3.2 Ein Vorversuch

In einem Vorversuch, der im Dezember 76 an 12 Kindern eines ersten Schuljahres durchgeführt wurde, sollten erste Erfahrungen sowohl zu dem Untersuchungsverfahren (vor allem zur Konkretisierung des Beobachtungsinstrumentariums) als auch zu den verschiedenen in 3.1.3 erläuterten Aufgabentypen (insbesondere hinsichtlich des Plättchenmaterials) gesammelt werden (vgl. [15]).

Die gesamte Versuchsdauer von ca. 80 min pro Schüler verteilte sich auf vier Untersuchungssequenzen (US) à 20 min, die in Gruppen zu je vier Schülern durchgeführt wurden.

Inhaltlich beschränkte sich die Voruntersuchung auf die folgenden vier Aufgabenstellungen:

1. Bauen mit konkreten Würfeln nach zeichnerischer Vorlage (Z⟶W)
2. Legen mit Plättchen nach zeichnerischer Vorlage (Z⟶P)
3. Nachbauen von zeichnerisch dargestellten Würfelfiguren mit konkreten Würfeln und anschließendes Nachlegen beider Vorlagen mit Plättchen (Z⟶W⟶P)
4. Legen mit Plättchen nach konkreten Würfelbauten (W⟶P)

Ihre genaue inhaltliche Strukturierung geht aus Abb. 14 hervor.

US	Typ der Aufgaben	Anzahl der Aufgaben	Anzahl der Würfel
1	Z ⟶ W	7	2,3,4,4,5,5,6
2	Z ⟶ P	5	2,2,3,3,3
3	Z ⟶ W ⟶ P	5	3,4,4,4,4
4	W ⟶ P	5	2,3,4,4,4

Abb. 14: Übersicht über den Aufbau des Vorversuchs

Die in US 1 verwendeten Würfelfiguren stammten teilweise aus den bereits hier als Auswahlkriterium dienenden Raumtests von FREUND/SORGER, um unmittelbare Vergleichsmöglichkeiten zu erhalten.

Die in US 2 und 3 eingesetzten Würfelzeichnungen wurden, abgesehen von der Anzahl der beteiligten Würfel, auch hinsichtlich der Dimensionsausrichtung (Höhe, Breite, Tiefe sowie deren Kombinationen) und der perspektivischen Ausrichtung ( bzw. ) systematisch variiert. Die Figuren aus US 4 bildeten eine Auswahl aus denen der beiden vorangegangenen Sequenzen, um eventuelle Abhängigkeiten von der Art des Informationsträgers feststellen zu können.

Systematische Einwirkungen des Vls im Sinne von Hilfestellungen waren nur bei den Aufgaben von US 2 eingeplant, in der das Plättchenmaterial eingeführt wurde. Dort sollten, falls erforderlich, nacheinander zwei normierte Hilfen gegeben werden:

H_1: verbaler Hinweis: "Legt die Plättchen etwas übereinander!"

H_2: Zeigen einer korrekten Lösung (nur des Endproduktes)

Ohne im einzelnen auf Ergebnisse einzugehen, sollen im folgenden einige Erfahrungen aus dem Vorversuch, die im Hinblick auf die Planung der Hauptuntersuchung von Bedeutung waren, kurz aufgeführt werden.

organisatorisch-methodische Konsequenzen:

1. Die Beobachtungsinstrumente erwiesen sich insgesamt - auch hinsichtlich ihres Zusammenwirkens - als geeignet; an den einzelnen Beobachtungsbögen mußten jedoch Korrekturen vorgenommen werden.
2. Für den Hauptversuch wurde neben den individuellen Beobachtern einer jeden Vp ein "globaler" Beobachter eingeplant, um einige allgemeine Verhaltensaspekte bei allen Vpn einer Gruppe festhalten zu können.
3. Die Gruppenstärke wurde für die Hauptuntersuchung auf drei reduziert, da im Vorversuch nicht genügend auf die einzelne Vp eingegangen werden konnte.
4. Die zeitliche Ausdehnung der einzelnen Sequenzen war angemessen und ließ genügend Spielraum für eventuell erforderliche Verlängerungen.
5. Auch die Anzahl der Sequenzen erwies sich von der Motivations- und Konzentrationslage der Schüler her als durchaus zumutbar, eine Erhöhung auf fünf Sequenzen für den Hauptversuch schien daher unbedenklich.

inhaltliche Konsequenzen:

1. Die Rekonstruktionsaufgaben in dem Aktivitätsbereich konkrete Würfel bereiteten den Vpn kaum Schwierigkeiten, sie wurden daher für den Hauptversuch leicht erschwert.
2. Das Plättchenmaterial stellte sich - in Verbindung mit den im Vorversuch verwendeten Würfelfiguren aus 2 - 4 Würfeln - als geeignetes Rekonstruktionsmittel im Sinne einer hinreichenden Differenzierung der Leistungen heraus; der Anspruchsgrad dieser Aufgaben konnte daher für die Hauptuntersuchung beibehalten werden.
3. Der Einsatz beider Hilfen in US 2 erwies sich als unverzichtbar; kaum ein Schüler kam von allein darauf, die Plättchen übereinander zu legen.

4. Der Aufbau der Voruntersuchung erwies sich insbesondere hinsichtlich zweier Aspekte als vorteilhaft:
   - Der Beginn mit einfachen Aufgabenstellungen in den Schülern bekannten Medien trug zu einer raschen Gewöhnung an die Untersuchungssituation bei.
   - Durch die zunächst zeichnerische Vorlage bei Rekonstruktionen mit dem Plättchenmaterial wurde den Vpn eine unmittelbare Kontrolle ihrer Handlungen und Ergebnisse ermöglicht, da die zeichnerische Darstellung der Konstruktion mit den Plättchen genau entspricht. Dies dürfte sich zu Beginn der Aktivitätsphasen mit dem Plättchenmaterial erleichternd ausgewirkt haben.

3.3 Aufbau der Hauptuntersuchung

Ziel der Hauptuntersuchung war es, das gesamte Spektrum der Wechselbeziehungen zwischen den Medien konkrete Würfel, Plättchen und Würfelzeichnung zu erfassen.

Darin vertreten waren demnach sämtliche in der Matrix von Abb. 13 enthaltenen Aufgabentypen bis auf identische Reproduktionen (in Abb. 13 durch die Diagonale repräsentiert), auf die, da sie am wenigsten aufschlußreich erschienen, wegen der begrenzten Untersuchungsdauer verzichtet wurde.

Aufgrund der Erfahrungen des Vorversuches wurden für die Hauptuntersuchung fünf Sequenzen à 20 min pro Gruppe angesetzt. Ihr genauer Aufbau ist in Abb. 15 dargestellt.

US	Typ der Aufgaben	Anzahl der Aufgaben	Anzahl der Würfel
1	Z ⟶ W	7	4,4,5,6,6,7,7
1	W ⟶ Z	1	1
2	W ⟶ P	1	1
2	Z ⟶ P	4	2,2,2,3
3	Z ⟶ W ⟶ P	4	3,3,4,4
3,4	Z ⟶ P P ⟶ W	4	3,4,4,4
4,5	W ⟶ P	6	2,3,4,4,4,4
5	P ⟶ W	4	4,4,4,4
5	P ⟶ Z	1	1
5	W ⟶ Z	1	1

Abb. 15: Übersicht über den Aufbau des Hauptversuches

Erläuterungen zu den einzelnen Phasen:

Z ⟶ W: (Bauen mit konkreten Würfeln nach Zeichnung)
Mit dem vermutlich leichtesten Aktivitätsbereich wurde begonnen, um die Vpn in der Eingewöhnungsphase nicht durch zu hohe Anforderungen zu verunsichern (siehe 4. auf S. 30).

Abb. 16 zeigt die verwendeten Würfelzeichnungen.

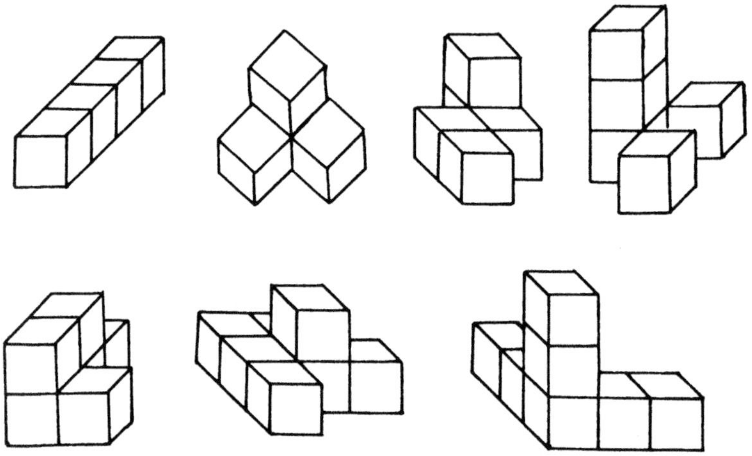

Abb. 16: Würfelzeichnungen der Phase Z ⟶ W (US 1)[7)]

W ⟶ Z: (Zeichnen eines konkreten Würfels)
Eine zeichnerische Wiedergabe eines Würfels war bereits in US 1 vorgesehen, um feststellen zu können, ob das zwischenzeitliche Arbeiten in den verschiedenen Medien Auswirkungen auf die zeichnerische Reproduktionsfähigkeit hat.

W ⟶ P: (Nachlegen eines Würfels mit einem Plättchen)
Zur Einführung des Plättchenmaterials wurden die Vpn aufgefordert, einen einzigen konkreten Würfel nachzulegen und Vorder-, Seiten- und Oberfläche auf dem Plättchen zu markieren, um festzustellen, ob ohne äußere Einflußnahme eine perspektivisch sinnvolle Lage gewählt wird und eine bestimmte Perspektive bereits dominiert.

Z ⟶ P: (Nachlegen einer Zeichnung mit Plättchen)
Aufgrund der Erfahrungen des Vorversuchs wurden zum Aktivitätsbereich Plättchen zuerst Zeichnungen, die in ihrer Größe genau dem Plättchenmaterial entsprachen, als Vorlage gewählt (siehe 4. auf S. 30) und in dieser Phase zwei normierte Hilfestellungen eingeplant, von denen die erste bei Bedarf, die zweite bei allen Aufgaben vorgesehen war (siehe 3. auf S. 29):

H_1: verbaler Hinweis: "Legt die Plättchen etwas übereinander!"

H_2: Zeigen einer korrekten Lösung (nur des Endproduktes)

Der (hypothetisch angenommene) Schwierigkeitsgrad wurde in dieser und den beiden folgenden Phasen durch Variation der Perspektive, der Anzahl der Würfel und der Kombination von Dimensionen, in denen nachzulegen war, systematisch erhöht.

In Abb. 17 sind die verwendeten Aufgaben des Typs Z ⟶ P dargestellt.

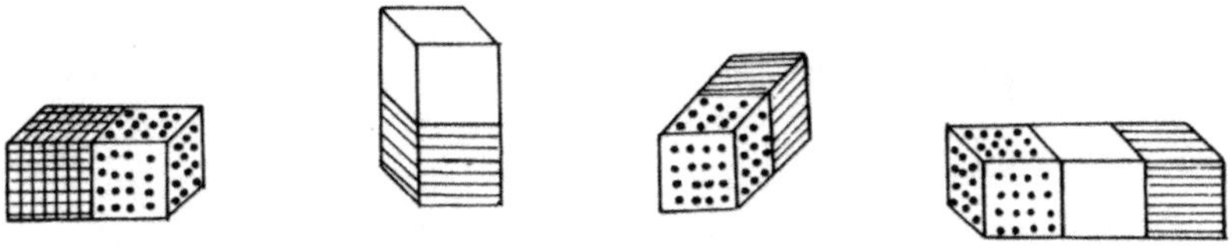

Abb. 17: Würfelzeichnungen der Phase Z ⟶ P (US 2) [8)]

<u>Z ⟶ W ⟶ P:</u> (Nachbauen einer Zeichnung mit konkreten Würfeln und anschließendes Nachlegen beider Vorlagen mit Plättchen)
Diese Aufgabenstellungen waren eingeplant, um festzustellen, woran sich die Vpn orientieren, wenn Zeichnung und Würfelfigur als Vorlage zur Verfügung stehen, und ob eine fehlerhafte Rekonstruktion mit Würfeln auch eine falsche Wiedergabe mit dem Plättchenmaterial zur Folge hat.

Hilfen wurden bei diesen und den folgenden Aufgaben nicht mehr gegeben.

Abb. 18 zeigt die eingesetzten Würfelzeichnungen.

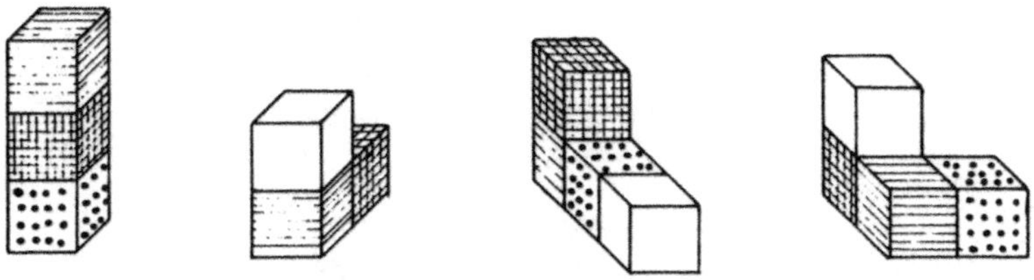

Abb. 18: Würfelzeichnungen der Phase Z ⟶ W ⟶ P (US 3)

Z ⟶ P
P ⟶ W: (Nachlegen einer Zeichnung mit Plättchen, anschließendes Nachbauen der Plättchenfigur mit konkreten Würfeln nach Wegnahme der Zeichnung)
Mit Hilfe des zweiten Rekonstruktionsabschnittes (P ⟶ W) sollte festgestellt werden, inwieweit die Vpn versuchen, ihre Plättchenfigur nachzubauen, oder die Zeichnung aus dem Gedächtnis rekonstruieren. Die verwendeten Zeichnungen sind in Ab. 19 dargestellt.

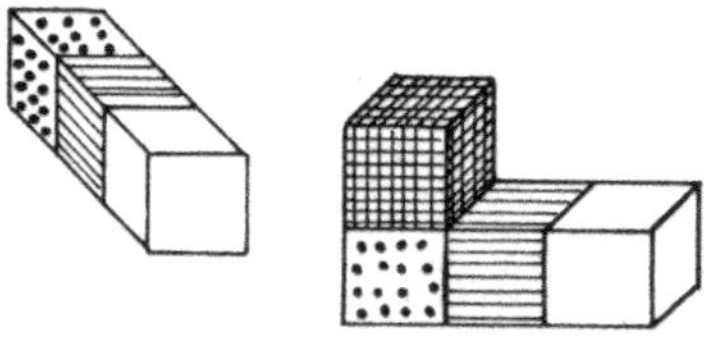

Abb. 19: Würfelzeichnungen der Phase Z ⟶ P / P ⟶ W (US 3,4)

W ⟶ P: (Nachlegen von konkreten Würfelfiguren mit Plättchen)
Hier wurde eine Auswahl aus den Aufgaben getroffen, die bereits in den Phasen Z ⟶ P und Z ⟶ P / P ⟶ W, in denen die Zeichnung die alleinige Vorlage für die Plättchenrekonstruktion bildete, gestellt worden waren, um den Einfluß des Informationsträgers zu überprüfen. Die vorgegebenen Würfelgebilde sind in Abb. 20 aufgeführt.

Die Würfelfigur  wurde nach der Frage an die Vpn, ob die gegenüber sitzende Person die Figur genau so sieht, vom Vl um 180° gedreht und auch aus dieser Perspektive von den Schülern rekonstruiert.

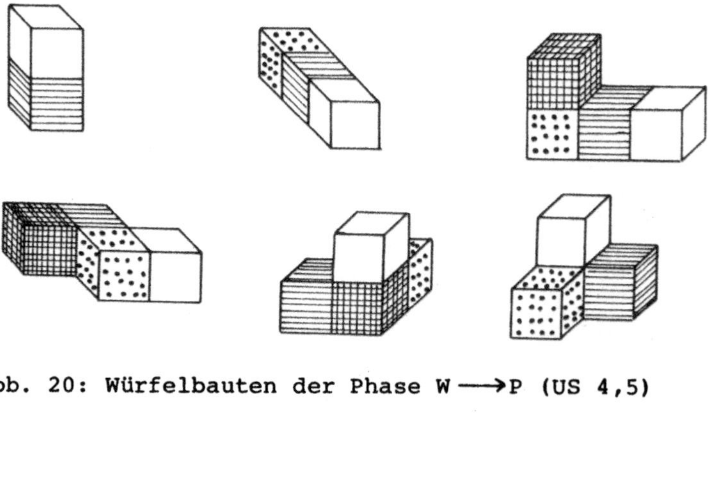

Abb. 20: Würfelbauten der Phase W ⟶ P (US 4,5)

P ⟶W: (Nachbauen einer Plättchenfigur mit konkreten Würfeln)
Wegen der unmittelbaren Nähe zum Aufgabentyp Z ⟶W und dessen vermutlich geringem Anspruchsgrad (siehe 1. auf S. 29) erschien es wenig ergiebig, korrekte Plättchenfiguren nachbauen zu lassen. Statt dessen wurden den Vpn falsche Plättchenfiguren vorgelegt mit der Aufforderung, diese so gut wie möglich nachzubauen. Die verwendeten Figuren, die in Abb. 21 abgebildet sind, enthielten Fehler, wie sie sich in dem Vorversuch als typisch herausgestellt hatten. Da dieser völlig andersartige Aufgabentyp ursprünglich nicht vorgesehen war, konnte er vorher nicht erprobt werden; insbesondere erfolgte die Zusammenstellung der Würfelfiguren zwangsweise willkürlich und unsystematisch.

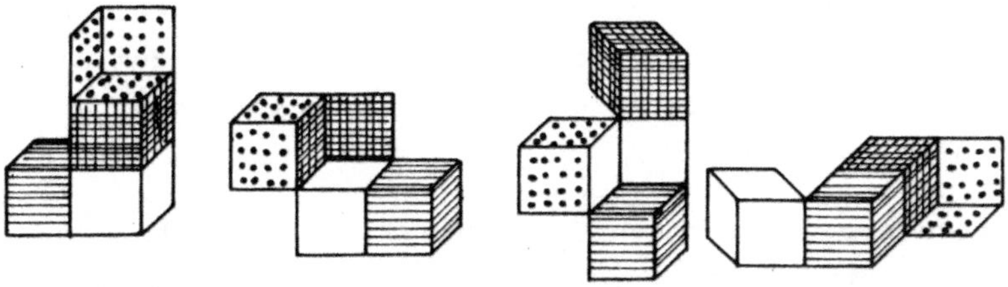

Abb. 21: Plättchenfiguren der Phase P ⟶W (US 5)

P ⟶Z, W ⟶Z: (Zeichnen eines Plättchens bzw. konkreten Würfels)
Abschluß der Fallstudien bildeten zeichnerische Rekonstruktionen eines Plättchens sowie eines Würfels, um zu ermitteln, ob die Art der Vorlage Einfluß auf die zeichnerische Darstellung hat und gegenüber der ersten Würfelzeichnung auf Schulung zurückzuführende Veränderungen eingetreten sind.

3.4 Gewinnung des Untersuchungsmaterials

3.4.1 Aufbau der Beobachtungsbögen

Ein wesentliches Merkmal des in 3.1.2 beschriebenen Untersuchungsverfahrens besteht darin, daß bereits bei der Datengewinnung auf eine auch nur annähernde Vollständigkeit verzichtet wird. Während verbale Äußerungen (Tonbandaufnahmen) und die Endprodukte der Schülerhandlungen (Fotografien) voll erfaßbar sind, werden von den Handlungsprozessen nur bestimmte Aspekte mit Hilfe von Beobachtungsbögen systematisch festgehalten.

Eine der Hauptaufgaben bei der Konkretisierung der Fallstudienmethode bestand demnach darin, für die verschiedenen Aufgabentypen geeignete Beobachtungsbögen zu entwickeln, die zum einen möglichst umfassende Informationen liefern, zum anderen gut handhabbar sein sollten.

In der Hauptuntersuchung eingesetzt wurden zwei verschiedene Typen von Beobachtungsbögen: zum einen spezielle Beobachtungsbögen, in denen je ein Beobachter die Handlungen einer Vp festzuhalten hatte, zum anderen allgemeine Beobachtungsbögen, in denen ein weiterer Beobachter einige globale Aspekte bei jeder Vp einer Gruppe notierte (vgl. 1. auf S. 29). Die Beobachtungen werden im folgenden in ihrem Aufbau dargestellt.

a) <u>Spezielle Beobachtungsbögen</u>

Da der Aufbau der speziellen Beobachtungsbögen im wesentlichen von dem Medium abhängig ist, welches als Aktivitätsbereich fungiert, wird hier nur exemplarisch jeweils ein derartiger Beobachtungsbogen erläutert. Die anderen Beobachtungsbögen stellen leichte Abwandlungen oder Kombinationen dieser Bögen dar. Je ein Beispiel für einen vollständigen Beobachtungsbogen eines jeden Typs findet sich in Anhang B.

Die endgültige Gestaltung der Beobachtungsbögen erfolgte unter Berücksichtigung der aus dem Vorversuch gewonnenen Erfahrungen.

Beobachtungsbogen zum Aktivitätsbereich konkrete Würfel

Abb. 22 zeigt den wesentlichen Ausschnitt aus einem ausgefüllten Beobachtungsbogen dieses Typs.

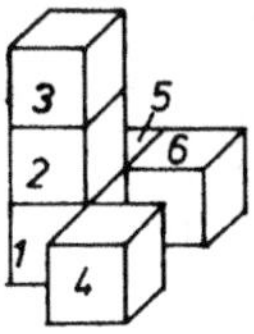

Fehler	Verbale Äußerungen
6 neben 1	
Perspektive	**Verbale Äußerungen**
korrekt ○	
nicht korrekt ○	
nach links ↺ gedreht ○	
nach rechts ↻ gedreht ○	
nachträgliches Drehen in korrekte Perspektive ○	

Abb. 22: Beispiel für einen ausgefüllten Beobachtungsbogen vom Typ Z ⟶ W (Ausschnitt)

Festgehalten werden darin die folgenden Aspekte:

1. Reihenfolge, in der gebaut wird (Durchnumerieren der Würfel in der Figur am Kopf des Bogens)
2. auftretende Fehler (kurze Beschreibung)
3. Beachtung der Perspektive (Ankreuzen, ob beachtet oder die nachgebaute Figur gegenüber der Zeichnung nach links bzw. rechts gedreht ist)
4. eventuelle im Anschluß an das Bauen vorgenommene Korrektur der Perspektive
5. wesentliche verbale Äußerungen der Vp (Anfangswort(e) unter "verbale Äußerungen" notieren, um die nachträglichen Identifikationen im Tonbandprotokoll zu erleichtern).

In einem zweiten Teil des Beobachtungsbogens, der dem in Abb. 22 dargestellten Ausschnitt entspricht, kann ein eventueller zweiter Rekonstruktionsversuch der Vp erfaßt werden.

Beobachtungsbogen zum Aktivitätsbereich Plättchen

Der Beobachtungsbogen zur Erfassung von Aktivitäten mit den Plättchen ist in drei Teile gegliedert, die in Abb. 23 dargestellt sind.

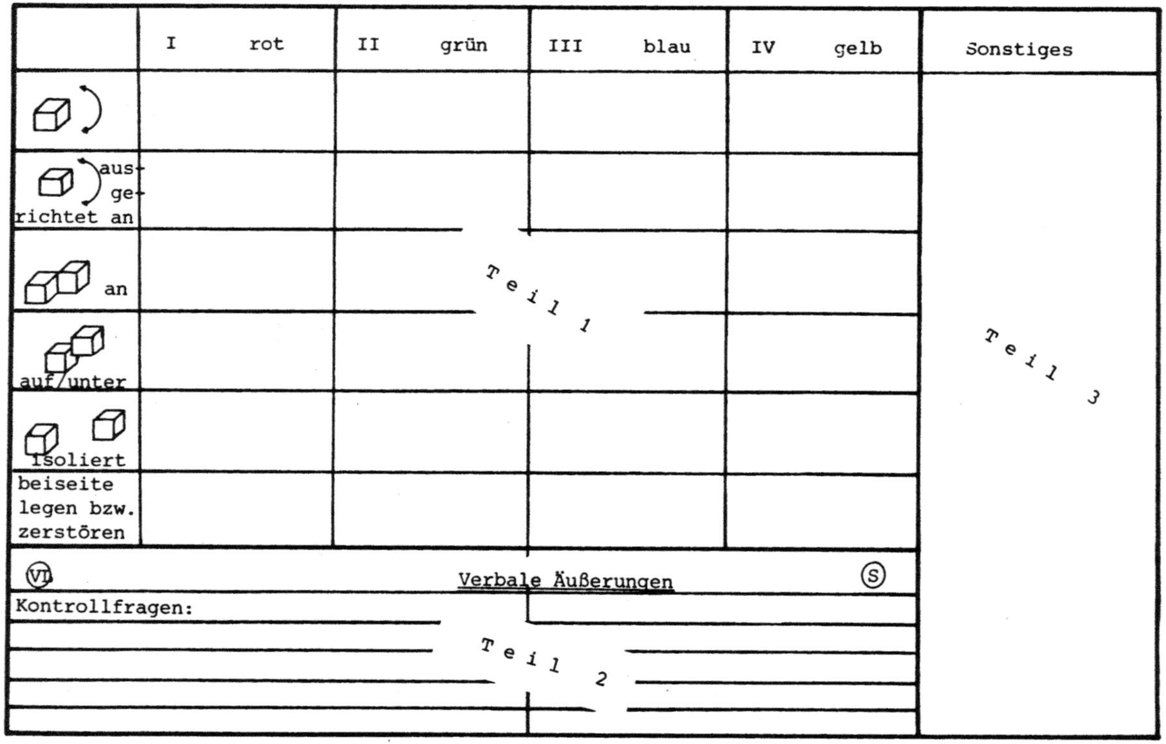

Abb. 23: Bestandteile eines Beobachtungsbogens vom Typ Z ⟶ P

<u>Teil 1:</u> Dieser Ausschnitt bildet das Raster, in dem die von der Vp mit dem Plättchenmaterial durchgeführten Handlungen erfaßt werden.

Abb. 24 zeigt ein Beispiel für Teil 1 eines ausgefüllten Beobachtungsbogens.

	I rot	II grün	III blau	IV gelb
	1			
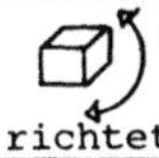 ausgerichtet an	5 P	3 Z	7 P	
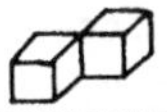 an	6 ↙			
 auf/unter	12 ↑	10 ↖	8 ↗, 11 ↖	
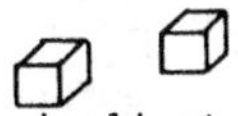 isoliert		4 ↗		10 ↙
beiseite legen bzw. zerstören	2, 9	9	9	

Abb. 24: Ausschnitt 1 eines ausgefüllten Beobachtungsbogens vom Typ Z ⟶ P

Die Reihenfolge, in der die notierten Handlungen erfolgten, geht aus der Numerierung in den entsprechenden Zellen hervor. Die Zelle, in der eine Eintragung vorzunehmen ist, wird bestimmt

a) durch das Plättchen (eindeutig charakterisiert durch die Farbe), mit dem eine Handlung durchgeführt wird (Festlegung der Spalte)

b) durch die Art der Handlungsaktivität, die notiert werden soll (Festlegung der Zeile).

Handlungsaspekte, die im Beobachtungsbogen festgehalten werden, sind

1. ein ausgeprägtes, mehrere Sekunden anhaltendes Drehen eines Plättchens, bevor es gelegt wird. Findet eine solche Drehung unter unmittelbarer Ausrichtung an bereits gelegte Plättchen, einer Zeichnung oder konkreten Würfeln statt, so erfolgt eine Eintragung in der Zeile mit dem Symbol ausgerichtet an , ansonsten in der Zeile .

   In dem Beispiel von Abb. 24 stellt die erste Aktivität überhaupt ein ausgeprägtes Drehen des roten Plättchens dar, an dritter Stelle in der Handlungsabfolge wird das grüne Plättchen unmittelbar an der Zeichnung intensiv gedreht.

2. die Lage des Plättchens, nachdem es gelegt worden ist, wobei sowohl die Lagebeziehung zu bereits gelegten Plättchen als auch die Perspektive, in der es gelegt wird, erfaßt wird.

   Eine Eintragung erfolgt in Zeile an, falls das Plättchen an bereits gelegte Plättchen anstößt, in Zeile auf/unter, falls es ein anderes Plättchen (teilweise) überdeckt bzw. von einem anderen überdeckt wird, und in Zeile isoliert, falls es ohne Berührungskontakt zu anderen Plättchen gelegt wird, wie es z.B. bei dem ersten Plättchen zwangsweise der Fall ist.

   Die Perspektive wird mit Hilfe von Pfeilen, welche die Tiefenrichtung des Plättchens kennzeichnen (z.B.) codiert (Abb. 25).

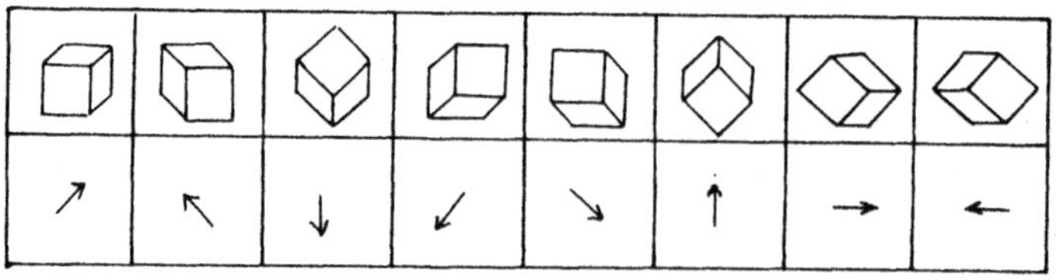

Abb. 25: Codierung der perspektivischen Ausrichtung eines Plättchens

Der zutreffende Pfeil wird dabei der Zahl (die angibt, an welcher Stelle in der Handlungsfolge das betreffende Plättchen gelegt wurde) in der entsprechenden Zelle angefügt.

In dem Beispiel von Abb. 24 wird das grüne als erstes Plättchen (in der  - Perspektive) gelegt (Handlungsschritt 4), anschließend legt die Vp das rote Plättchen nach Drehungen (5) in der 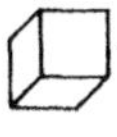 - Perspektive so, daß es an das grüne anstößt.

3. das Beiseitelegen eines bereits gelegten Plättchens bzw. das Zerstören einer gelegten (Teil-) Konfiguration.

   Eine solche Handlung wird in der untersten Zeile vermerkt, wobei, wenn mehrere Plättchen gleichzeitig betroffen sind, die entsprechenden Spalten mit der gleichen Zahl versehen werden.

   In dem Beispiel von Abb. 24 legt die Vp das rote Plättchen, nachdem sie es gedreht hat (1), wieder beiseite (2); die bis zu Handlungsschritt 8 gelegte Teilkonfiguration, bestehend aus dem grünen, roten und blauen Plättchen, wird anschließend wieder zerstört (9), bevor die Figur in einem neuen Ansatz endgültig rekonstruiert wird.

Allgemein wird jede gleichzeitige Aktivität mit mehreren Plättchen durch Verwenden gleicher Zahlen verdeutlicht; so legt in Abb. 24 die Vp im Handlungsschritt 10 das grüne und gelbe Plättchen gleichzeitig direkt übereinander.

Teil 2: Hauptzweck der Rubrik "verbale Äußerungen" ist es, eine Koordination zwischen Beobachtungsbogen und Tonbandprotokoll herzustellen. So ist es etwa wichtig zu wissen, an welcher Stelle im Handlungsablauf vom Vl eine Hilfe gegeben oder eine Kontrollfrage (Frage, ob die Vp mit ihrer Rekonstruktion zufrieden ist) gestellt wurde oder welcher Handlungsphase eine Schüleräußerung zuzuordnen ist.

Um diese Zuordnung zu ermöglichen, wird zu einer Äußerung die Zahl, welche die zu diesem Zeitpunkt gerade durchgeführte Handlung der Vp charakterisiert, eingetragen. Bei nicht-normierten Äußerungen (so bei allen Schüleräußerungen) werden, wenn möglich, zusätzlich noch die Anfangsworte notiert, um die nachträgliche Identifikation auf dem Tonbandprotokoll zu erleichtern.

Teil 3: Die Spalte "Sonstiges" ist für alle Vorkommnisse vorgesehen, die sich nicht in das Raster von Teil 1 einordnen lassen. Insbesondere sind hier eventuell auftretende Beobachtungslücken zu vermerken.

Abb. 26 zeigt ein Beispiel für einen ausgefüllten Beobachtungsbogen sowie dessen Decodierung.

	D Untersuchungssequenz:	Gruppe:	Schüler:	Klasse: Schule:	
	I rot	II grün	III blau	IV gelb	Sonstiges
aus-ge-richtet an		4 Z	2 Z		
an				6↗	
auf/unter			10↖	11↖	
isoliert		5↗, 9↖		1↖	
beiseite legen bzw. zerstören			3	3, 8	
VL	Verbale Äußerungen			S	
Kontrollfragen:		7 Nein, das			
		12 Irgendwie			

Decodierung

1 legt gelb
2 dreht blau an Zeichnung
3 legt blau, gelb beiseite
4 dreht grün an Zeichnung
5 legt grün
6 legt gelb an grün
7 "Nein, das ..."
8 legt gelb beiseite
9 legt grün
10 legt blau teilüberdeckt
11 legt gelb teilüberdeckt
12 "Irgendwie ..."

Abb. 26: ausgefüllter Beobachtungsbogen und dessen Decodierung

Beobachtungsbogen zum Aktivitätsbereich Zeichnung

Es wurde leider versäumt, auch zum Aktivitätsbereich Zeichnung Beobachtungsbögen zu entwickeln; wie die Analyse der Resultate in 4.4 zeigt, stellte sich das Fehlen von Prozeßbeobachtungen im Hinblick auf Interpretationen der Zeichenleistungen als deutlicher Mangel heraus.

b) Allgemeiner Beobachtungsbogen

Da der allgemeine Beobachter bei jeder Aufgabe (bis auf zeichnerische Rekonstruktionen) das Verhalten aller drei Vpn einer jeden Gruppe hinsichtlich einiger gleichbleibender globaler Aspekte zu verfolgen hatte, brauchte für ihn nur ein einziger Beobachtungsbogen entwickelt zu werden.

Dieser Bogen besteht entsprechend der Schülerzahl einer Gruppe aus drei identischen Abschnitten; in Abb. 27 ist ein solcher Teil dargestellt.

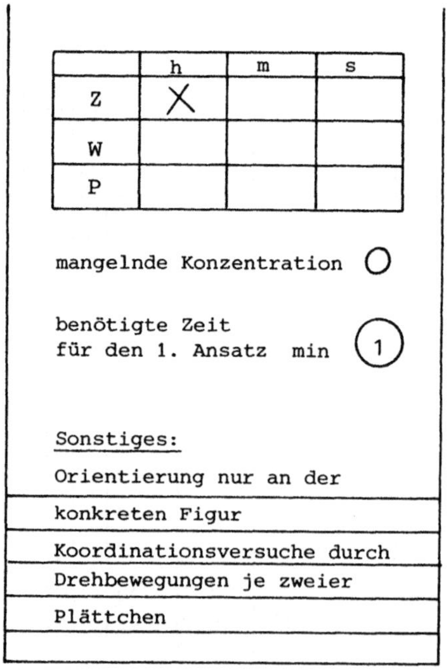

Abb. 27: Ausschnitt aus einem ausgefüllten allgemeinen Beobachtungsbogen

Festgehalten werden darin

1. die Intensität des Blickkontaktes zu dem (den) jeweils zugrunde liegenden Informationsträger(n)
2. die pro Aufgabe benötigte Zeit (bis zur ersten Fertigstellung)
3. eventuell auftretende stärkere Konzentrationsmängel
4. weitere Auffälligkeiten im Verhalten der Vp

3.4.2 Erstellen von Gesamtprotokollen

Aus dem mit Hilfe verschiedener Beobachtungsinstrumente (Tonbandaufnahmen, Fotos, allgemeine und spezielle Beobachtungsbögen) gewonnenen Datenmaterial wurden im Anschluß an die Untersuchung für jede Vp normierte Gesamtprotokolle erstellt.

Ein solches Gesamtprotokoll besteht aus vier Spalten.

Spalte 1 enthält das ausgewertete (d.h. mit einer Zuordnung der Äußerungen zu den jeweils beteiligten Personen versehene) Tonbandprotokoll der betreffenden Untersuchungsgruppe einschließlich der Zeitangaben.

Spalte 2 beinhaltet die (decodierten) speziellen Beobachtungen zu der jeweiligen Vp, wobei - bei den Beobachtungen zum Aktivitätsbereich Plättchen - eventuell notierte Übereinstimmungen zwischen Handlungen und Äußerungen der Vp durch entsprechende Zuordnung im Gesamtprotokoll deutlich gemacht werden.

Spalte 3 enthält die zur Vp erhobenen Daten des allgemeinen Beobachters in ähnlicher Form wie auf dem Beobachtungsbogen.

In Spalte 4 sind die Codierungen der Fotos sowie (beim Aktivitätsbereich Plättchen) die Reproduktionen selbst aufgeführt.

Abb. 28 zeigt einen Ausschnitt aus einem solchen Gesamtprotokoll. Das vollständige Protokoll einer Vp bezüglich einer von insgesamt fünf Untersuchungssequenzen ist in Anhang C enthalten, dort wird jedoch auf die Angabe von Spalte 4 verzichtet.

<table>
<tr><th>P Tonbandäußerungen</th><th>Beobachtungsprotokoll</th><th>Allg. Beobachtung</th><th>Fotos</th></tr>
<tr>
<td>Vl So, ich habe euch hier ein Blatt mitgebracht, da seht ihr wieder Klötze drauf und Würfel. Und ihr habt hier die richtigen Klötze, und ihr sollt jetzt mal das, was ihr auf der Zeichnung seht, mit den Klötzen nachbauen.
Wo So, grün, rot, blau.
Vl Torsten, ist es bei dir das gleiche wie auf dem Blatt?
To Hm!
Vl Wolfgang, bei dir auch?
Wo Ja.
Vl Und Thomas?
Th Ja.
Vl Bei dir auch? Schön.</td>
<td><u>Arbeitsblatt Nr. 2.5</u>

Bauen mit konkreten Würfeln

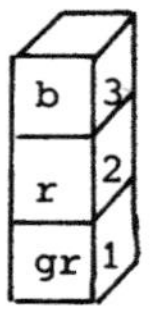

1. Ansatz

Fehler

rot hinter grün
blau hinter rot

Perspektive
korrekt ⊗
nicht korrekt ○
nach links ↶ gedreht ○
nach rechts ↷ gedreht ○</td>
<td></td>
<td>Bild-Nr.
27.14</td>
</tr>
<tr>
<td>Vl Dann gebe ich euch solche Plättchen, die kennt ihr ja, und ihr sollt jetzt das gleiche mit diesen Plättchen nachlegen. - So, jetzt legt das mal mit den Plättchen nach!
To Der erste ist schon mal fertig, nä noch nicht ganz. - Bleib ja liegen. So, so. Der muß noch um, so! - Die Lücke hab' ich schon mal fertig!
Wo Falsch herum
To Ah, merke ich jetzt gerade auch.</td>
<td>nachträgliches Drehen in korrekte Perspektive ○

Legen mit Plättchen

1. dreht III
2. dreht II
3. dreht I ausgerichtet an II
4. legt I (↗) teilüberdeckt auf II (↗)</td>
<td>Blickkontakt
<table><tr><th></th><th>h</th><th>m</th><th>s</th></tr><tr><td>Z</td><td>×</td><td></td><td></td></tr><tr><td>W</td><td></td><td></td><td></td></tr><tr><td>P</td><td></td><td></td><td>×</td></tr></table>
benötigte Zeit für den 1. Ansatz: 0,5 min</td>
<td></td>
</tr>
</table>

Abb. 28: Ausschnitt aus einem Gesamtprotokoll

3.5 Durchführung der Hauptuntersuchung

Der Hauptversuch wurde in vier Klassen eines ersten Schuljahres an zwei Schulen in Münster bzw. der Umgebung von Münster durchgeführt. Insgesamt waren 111 Schüler beteiligt, aus denen aufgrund der Vortestergebnisse durch Parallelgruppenbildung innerhalb der Klassen 57 Schüler für die eigentliche Fallstudienuntersuchung ausgewählt wurden.

Diese Vpn wurden in 19 Gruppen zu je drei Schülern eingeteilt, wobei jeweils hinsichtlich ihrer Vortestleistungen benachbarte Schüler einer Klasse zusammengefaßt wurden.

Die fünf Untersuchungssequenzen fanden in für die einzelnen Vpn wöchentlichen Abständen während der Monate Mai und Juni 77 statt. Sie wurden während der regulären Schulzeit in Schulräumen durchgeführt, um die durch die äußeren Bedingungen verursachten störenden Einflüsse möglichst gering zu halten. Der Nachtest wurde im Anschluß an die Einzeluntersuchungen wie der Vortest im Klassenverband von allen Schülern bearbeitet.

An den einzelnen Sitzungen nahmen außer den drei Vpn sechs weitere Personen teil: der Versuchsleiter, ein allgemeiner Beobachter, je ein Beobachter pro Vp sowie ein Fotograf. Um eine möglichst große Kontinuität und Vergleichbarkeit der verschiedenen Studien zu erreichen, wurden die beiden erstgenannten Aufgaben stark konzentriert: Die Versuchsleiterfunktion wurde von einer an dem Projekt beteiligten wissenschaftlichen Mitarbeiterin und einem Verfasser übernommen, die Aufgaben des allgemeinen Beobachters führte durchgehend eine von Vorversuchen her mit dem Untersuchungsgegenstand vertraute studentische Hilfskraft durch. Die Einzelbeobachtungen lagen in der Hand von 16 Studenten, für die diese Untersuchung als Vorbereitung für eigene empirische Untersuchungen im Rahmen ihrer Examensarbeiten dienten. Sie wurden vorher in mehreren Sitzungen und in Vorversuchen mit ihrer Aufgabe vertraut gemacht.

Die an dem Versuch beteiligten Schüler können hinsichtlich ihrer schulischen Vorerfahrungen als repräsentativ angesehen werden. In keiner Klasse waren vor der Untersuchung räumlich geometrische Fragestellungen behandelt worden; auch wurden während der Fallstudien keine geometrischen Themen im Unterricht besprochen, so daß auf den regulären Unterricht zurückzuführende Schulungseffekte weitgehend ausgeschlossen werden dürften.

3.6 Verarbeitung und Auswertung des Datenmaterials

Die Auswertung des nach dem in 3.4 dargestellten Verfahren gewonnenen Untersuchungsmaterials erfolgte in zwei Richtungen.

1. Qualitative Analysen

Diese wurden unmittelbar anhand der Gesamtprotokolle vorgenommen, erforderten also keine weitergehende Verarbeitung der Daten.

2. Quantitative Analysen

Es waren zunächst die Aspekte festzulegen, die in die quantitative Auswertung eingehen sollten. Diese lassen sich gruppieren in Variable, die den Lösungsprozeß betreffen (Prozeßvariable), und Variable, die eine Analyse der Endprodukte darstellen (Endproduktvariable).

Die für die verschiedenen Aktivitätsbereiche quantitativ erfaßten Aspekte werden im folgenden kurz erläutert.

a) Aktivitätsbereich Plättchen

Bei den Aufgaben, bei denen das Plättchenmaterial als Arbeitsmittel diente, wurden folgende Variable durchgehend erhoben.

Prozeßvariable

1. Anfangsplättchen (das zuerst gelegte Plättchen)
2. Häufigkeit, mit der jedes Plättchen gelegt wird
3. Reihenfolge, in der die Plättchen gelegt werden
4. Intensität des Blickkontaktes zum (zu den) Informationsträger(n)
5. Zeit, die für den ersten Lösungsansatz benötigt wird

Endproduktvariable

1. Leistung (Bewertung durch Rating nach genau festgelegten Kriterien)
2. Dimension (korrekte, falsche Wiedergabe der beteiligten Dimensionen; Wiedergabe einer Dimension in einer anderen)
3. Perspektive, in der jedes Plättchen gelegt wird (Klassifizierung entsprechend Abb. 25)
4. Art des Überdeckens (etwa: kein Überdecken, Überdecken von Seitenflächen, völlig unsystematisches Überdecken)
5. Grad des Überdeckens (Ausmaß, in dem jedes Plättchen zu sehen ist)

b) Aktivitätsbereich konkrete Würfel

Hier sind zwei Aufgabentypen zu unterscheiden: das Bauen nach Zeichnungen mit Würfeln (Z ⟶ W, US 1) und das Nachbauen falscher Plättchenfiguren (P ⟶ W, US 5).

Bei den Aufgaben des Typs Z ⟶ W wurden erhoben:

Prozeßvariable

1. Reihenfolge, in der nachgebaut wird
2. Intensität des Blickkontaktes zum Informationsträger

Endproduktvariable

1. Leistung (richtig-falsch-Bewertung)
2. Perspektive (Beachtung der vorgegebenen Perspektive, Wahl einer anderen Perspektive)

Eine Fehleranalyse wurde wegen der Problematik, geeignete Klassifizierungen zu finden, und der aufgrund von Vorerfahrungen zu erwartenden recht geringen Fehlerzahl (siehe 1. auf S. 29) in die statistische Auswertung nicht mit einbezogen.

Eine quantitative Auswertung der Aufgaben des Typs P ⟶ W war wegen der Fülle der Reaktionsmöglichkeiten insbesondere auch verbaler Art nur in sehr beschränktem Umfang möglich. Insbesondere erschien das Messen einer "Leistung" hier sinnlos.

Erfaßt wurden:

Prozeßvariable

1. Intensität des Blickkontaktes zum Informationsträger

Endproduktvariable

1. die korrekte Figur, der die Rekonstruktion am nächsten kommt bzw. sogar entspricht
2. die Art der Berührung zwischen benachbarten Würfeln (z.B. mit Flächen oder Kanten aneinanderstoßend)

Zusätzlich wurde der Grad an Zufriedenheit mit der eigenen Rekonstruktion mit einbezogen.

c) Aktivitätsbereich Zeichnung

Prozeßvariable konnten, da keine entsprechenden Beobachtungen durchgeführt wurden, nicht erhoben werden. Die statistische Auswertung beschränkte sich daher auf die Endproduktvariable.

1. (Fehler-) Typ der Zeichnung (nach einer vorgegebenen Kategorisierung) mit der Möglichkeit, daraus eine Bewertung der Leistung zu gewinnen.

Insgesamt gingen 475 Variable in die statistische Auswertung ein. Eine Analyse ihrer Skaleneigenschaften zeigt, daß der größte Teil der Daten Ordinal- oder sogar nur Nominalskalenniveau besitzt, also die Anwendung nichtparametrischer Verfahren erfordert.

Welche Verfahren im einzelnen zur Auswertung herangezogen wurden, wird in Kapitel 4 jeweils an der entsprechenden Stelle angegeben.

4. Auswertung

In diesem Kapitel werden die Ergebnisse der in Kapitel 3 geschilderten Untersuchung dargestellt und diskutiert. Eine Strukturierung erfolgt dabei in zweierlei Richtung.

1. Es wird zunächst auf die Resultate bezüglich der verschiedenen im Rahmen der Untersuchung eingesetzten Aktivitätsformen eingegangen und anschließend eine Analyse der zwischen den Medien bestehenden Zusammenhänge durchgeführt.
2. Innerhalb der einzelnen Abschnitte wird eine Trennung zwischen der quantitativen Auswertung und rein qualitativen, auf Einzelbeispielen beruhenden Analysen vorgenommen.

4.1 Testergebnisse

Die Tests zum räumlichen Vorstellungsvermögen aus der Testreihe von FREUND/SORGER (Anhang A) wurden im Rahmen der Untersuchung an zwei Stellen bei allen 111 zur Verfügung stehenden Schülern im Klassenverband eingesetzt (vgl. 3.1.2, S. 22):

1. vor Beginn der eigentlichen Fallstudien als Auswahlkriterium: Je zwei bezüglich der Testleistungen benachbarte Schüler einer Klasse wurden der Experimentalgruppe (EG) und der Kontrollgruppe (KG) zugewiesen.
2. im Anschluß an die Einzeluntersuchungen, um eventuelle Schulungseffekte ermitteln zu können.

Um Testwiederholungsauswirkungen möglichst gering zu halten, erhielt jeder Schüler bei der zweiten Durchführung eine Parallelform des Vortests, wobei benachbarte Schüler zur gleichen Zeit jeweils Parallelfassungen bearbeiteten.

In Abb. 29 - 32 sind die Vor- und Nachtestergebnisse der Experimental- und Kontrollgruppe hinsichtlich der vier eingesetzten Teiltests dargestellt.[9] Tab. 1 enthält die dazugehörigen Mittelwerte (M) und Standardabweichungen (s).

Tab. 1: Mittelwerte und Standardabweichungen von Experimental- und Kontrollgruppe bei den Vor- und Nachtests

		Vortest		Nachtest	
		M	s	M	s
Test 1	EG	5,70	0,60	5,62	0,99
	KG	5,60	0,99	5,69	1,00
Test 2	EG	9,41	0,97	9,82	0,62
	KG	9,47	0,83	9,51	1,34
Test 3	EG	3,13	1,10	3,24	0,94
	KG	3,25	0,95	2,91	1,25
Test 4	EG	2,79	1,16	3,00	1,26
	KG	2,77	1,31	2,92	1,09

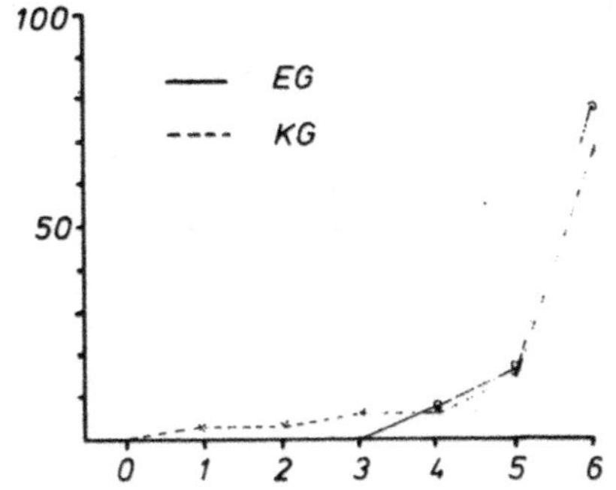

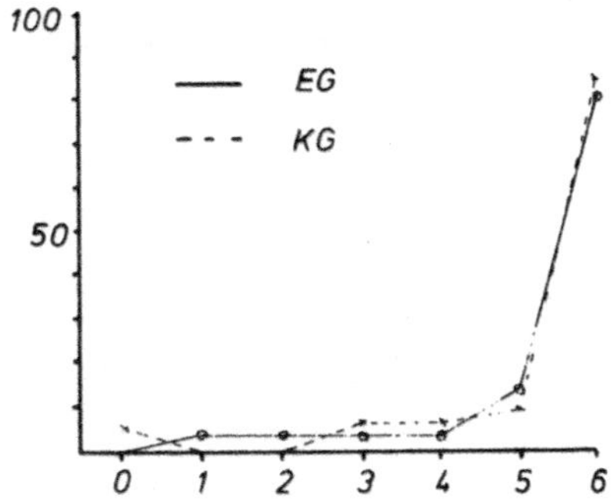

Vortest Nachtest

Abb. 29: Häufigkeitsverteilung zu Test 1 (Angaben in %)

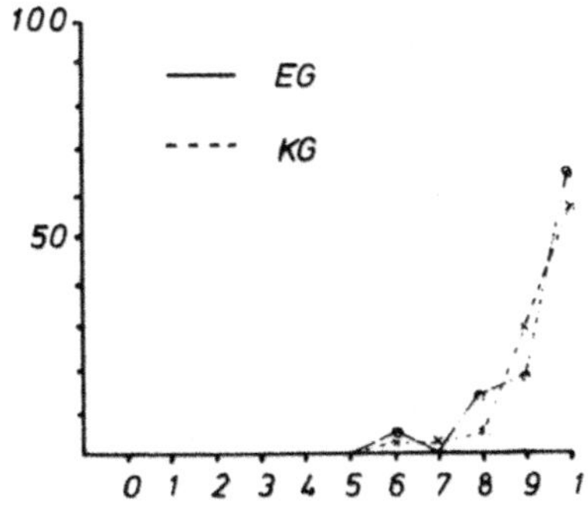

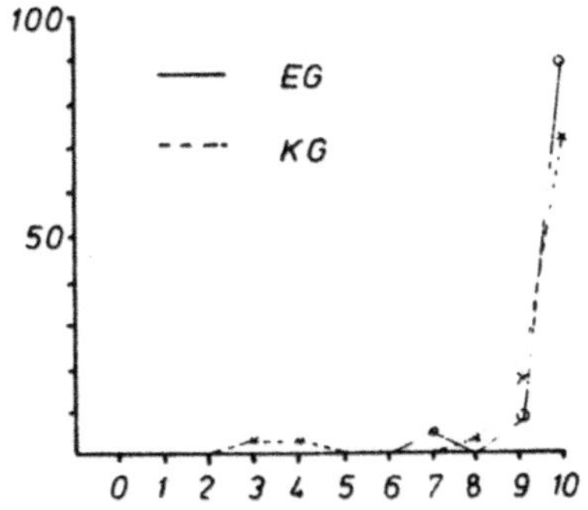

Vortest Nachtest

Abb. 30: Häufigkeitsverteilung zu Test 2 (Angaben in %)

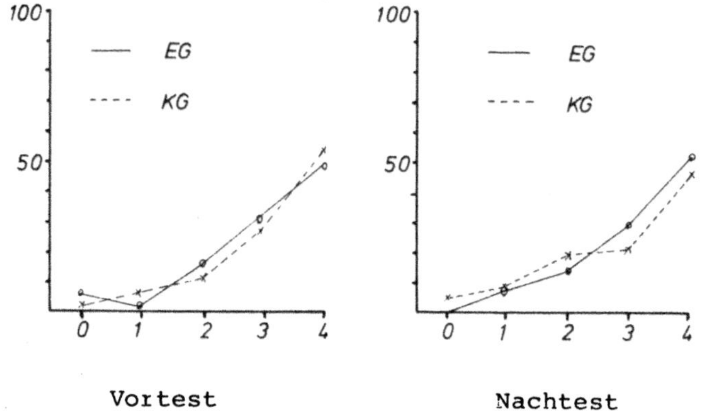

Abb. 31: Häufigkeitsverteilung zu Test 3 (Angaben in %)

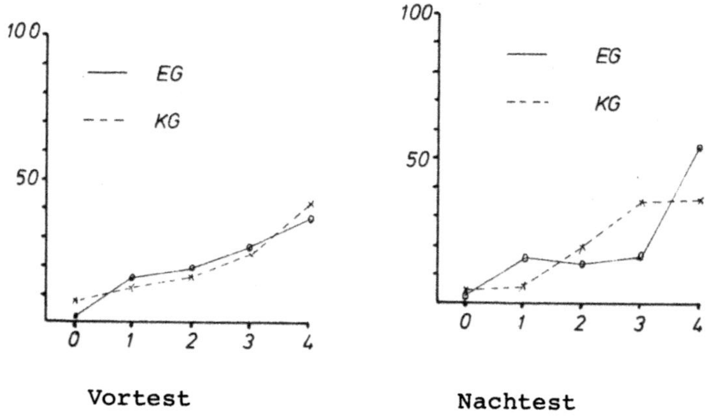

Abb. 32: Häufigkeitsverteilung zu Test 4 (Angaben in %)

Die wichtigsten Aspekte seien kurz zusammengefaßt.

1. Der Vortest erweist sich als weitaus leichter, als aufgrund der vorangegangenen Untersuchungen zu erwarten war. Der Schwierigkeitsgrad (Anteil der korrekten Lösungen an der gesamten Lösungszahl) liegt bei allen vier Tests deutlich über den entsprechenden Werten der Erstuntersuchung (vgl. [14], S. 147); er beträgt bei dem schwierigsten Test 4 annähernd 0,70, bei Test 1 und 2 sogar jeweils etwa 0,94.

   Diese anhand des vorliegenden Untersuchungsmaterials kaum erklärbaren Verbesserungen lassen den Vortest in seiner Funktion als Auswahlkriterium nur bedingt tauglich erscheinen. Während Test 1 und 2 praktisch keine Streuungen in den Leistungen erbringen, erfolgt durch Test 3 und vor allem Test 4 eine teilweise Differenzierung, die sich jedoch auf den unteren Leistungsbereich beschränkt.

2. Schulungseffekte, die auf die zwischenzeitlich durchgeführten Fallstudien zurückzuführen sind, lassen sich nicht nachweisen. Ein Vergleich der Ergebnisse zeigt unmittelbar, daß sowohl zwischen den Nachtestleistungen der Experimental- und Kontrollgruppe als auch den Vor- und Nachtestwerten bei allen Tests nur geringe Unterschiede bestehen, die - auch bezogen auf den Gesamttest - statistisch unbedeutend sind. Dieses Resultat ist insofern bedeutungslos, als bereits die Vortestergebnisse kaum noch Verbesserungen in den Testleistungen zulassen (ceiling-effect); eine Interpretation im Sinne einer - bezogen auf die Anforderungen der Tests - nicht eingetretenen Schulung ist daher nicht zulässig.

4.2 Aktivitätsbereich konkrete Würfel

Aufgabenstellungen, bei denen die Vpn Rekonstruktionen mit konkreten Würfeln vorzunehmen hatten, waren an vier Stellen der Untersuchung eingeplant.

1. Nachbauen zeichnerisch vorgegebener Würfelgebilde in US 1
   (Z ⟶ W)

2. Nachbauen und anschließendes Nachlegen mit Plättchen zeichnerisch dargestellter Würfelfiguren in US 3
   (Z ⟶ W ⟶ P)

3. Nachbauen von Plättchenfiguren, die vorher von den Vpn nach Zeichnungen gelegt worden waren, in US 3, 4
   (Z ⟶ P
   P ⟶ W)

4. Nachbauen vorgegebener falscher Plättchenfiguren in US 5
   (P ⟶ W)

In diesem Abschnitt wird zunächst auf die Rekonstruktion von Würfelzeichnungen (1. und 2.), anschließend auf die Wiedergabe falscher Plättchenfiguren mit konkreten Würfeln (4.) eingegangen. Die unter 3. aufgeführte Bauaktivität steht in unmittelbarem Zusammenhang mit der vorangegangenen Rekonstruktion mit dem Plättchenmaterial und wird daher in die Auswertung der Ergebnisse dieses Aktivitätsbereiches (vgl. 4.3) aufgenommen.

4.2.1 Rekonstruktion von Würfelzeichnungen

Die hier vorgenommene Analyse bezieht sich auf insgesamt elf Würfelfiguren, die in Abb. 16 (S. 32) sowie Abb. 18 (S. 33) dargestellt sind. Wie auch in den anschließenden Abschnitten werden zunächst die statistischen Ergebnisse vorgestellt (a) und anschließend Einzelbeispiele diskutiert (b).

a) <u>Quantitative Analyse</u>

In die quantitative Auswertung gingen vier Variable ein, die jedoch nicht alle durchgehend erhoben werden (vgl. 3.6, S. 49): Leistungsbewertung, Beachtung der Perspektive, Intensität des Blickkontaktes und Reihenfolge bei der Rekonstruktion.

Im folgenden werden die Resultate hinsichtlich einzelner dieser Aspekte dargestellt und analysiert.

Leistung

Abb. 33 gibt einen Überblick über den Schwierigkeitsgrad der verschiedenen Aufgaben des Typs Z ⟶ W.

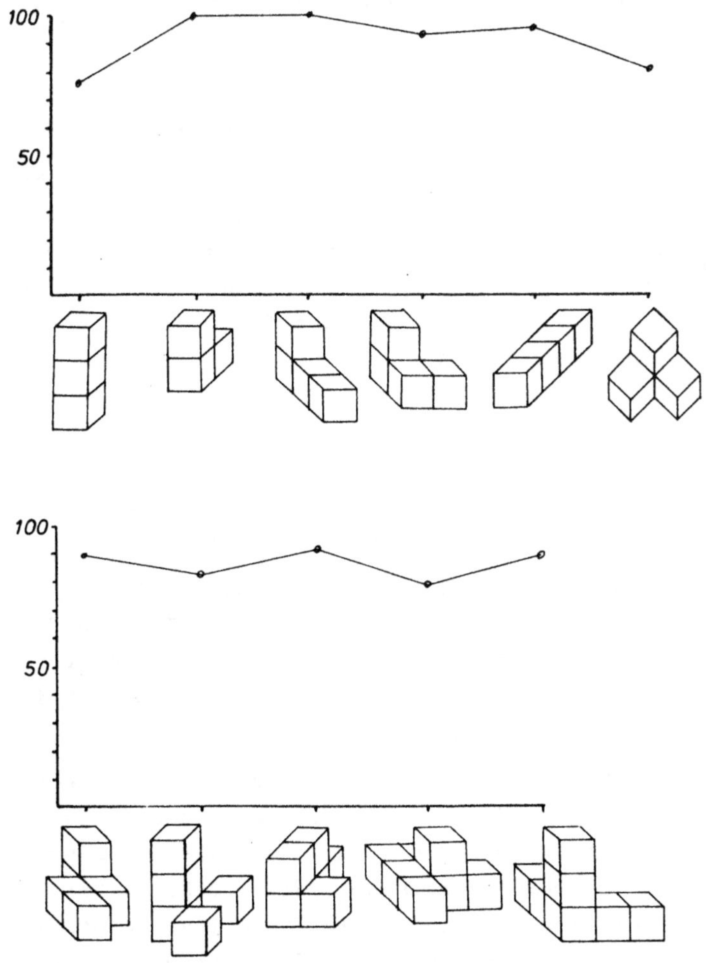

Abb. 33: Anteil der korrekten Lösungen bei den Aufgaben des Typs Z ⟶ W[10] (Angaben in %)

Es zeigt sich, daß der Anspruchsgrad der Aufgaben, obwohl er (bei den Aufgaben von US 1) gegenüber dem Vorversuch erhöht worden war, gering bleibt; sämtliche Rekonstruktionen wurden von mehr als 75 % der Vpn korrekt durchgeführt.

Eine überdurchschnittliche Fehlerzahl ergibt sich bei Konfigurationen mit folgenden Merkmalen:

1. eine "ungewohnte" Perspektive in Verbindung mit einem nicht sichtbaren Würfel, wobei offen bleibt, welcher Aspekt bei der Figur

   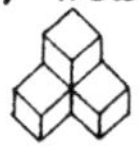

   in erster Linie die Probleme verursacht.

2. komplexe, nicht klar gegliederte Lagebeziehungen zwischen den einzelnen Elementen. Die Tatsache, daß bei allen Würfelgebilden der ersten US Fehler, die auf Verwendung einer falschen Würfelzahl zurückzuführen sind, annähernd gleich häufig auftreten, deutet darauf hin, daß die Schwierigkeiten bei den Figuren

   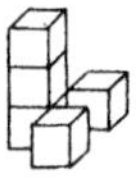 und 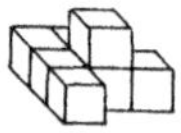

   nicht nur in der Anzahlerfassung, sondern auch in der Zuordnung der räumlichen Positionen liegen.

3. das isolierte Auftreten der Höhendimension.
   Etwa 25 % der Vpn rekonstruieren den Turm in der Tiefendimension; eine Erscheinung, die in umgekehrter Richtung bei der in die Tiefe ausgerichteten "Mauer" bei keinem Schüler zu verzeichnen ist.

   Dieses Phänomen entspricht der bei zeichnerischen Darstellungen von Kindern dieses Alters zu beobachtenden Interpretation der Zeichenebene zum einen als horizontalen, zum anderen als vertikalen Raum (vgl. 2.2.2, S. 15). Offenbar sind die Informationen, die die Dimension des Turmes festlegen - dazu ist ein Verständnis der projektiven Struktur der ebenen Würfeldarstellung erforderlich - für eine Reihe von Vpn nicht ausreichend, während bei der in die Tiefe ausgerichteten Figur allein die eindeutige Schrägrichtung - auch ohne Berücksichtigung "projektiver" Informationen - einer Rekonstruktion in die Höhe widerspricht.

Beseitigt wird das Problem der Dimensionsdifferenzierung auch durch das gleichzeitige Auftreten von Höhen- und Tiefendimensionen als "Baurichtung"; ein Umkippen der Höhe in die Tiefe und umgekehrt wird bei diesen Figuren durch die visuell deutliche Vergabe der jeweils anderen Dimension verhindert. Offen bleibt, ob auch eine Kombination von Breite und Höhe zu einer derartigen Stabilisierung führt.

Die insgesamt recht geringe Fehlerzahl ermöglicht natürlich nur das Aufzeigen einiger Tendenzen. Um zu abgesicherten Aussagen zu gelangen, wäre eine stärkere Systematisierung und weitere Erschwerung des Aufgabenmaterials erforderlich, wobei jedoch der Einsatz zahlenmäßig noch umfangreicherer Gebilde aufgrund des bei Kindern eines ersten Schuljahres noch wenig entwickelten Zahlbegriffs problematisch erscheint.

Beachtung der Perspektive

Bei der quantitativen Erfassung dieses Aspektes wurde jede (korrekte) Lösung genau einer der folgenden Kategorien zugeordnet, von denen die beiden ersten sich jedoch nicht klar voneinander abgrenzen lassen.

Kategorie 1: genaue Berücksichtigung des in der Zeichnung vorgegebenen Blickwinkels einschließlich perspektivischer Ausrichtung

Kategorie 2: Beachtung des vorgegebenen Standortes, jedoch frontale Rekonstruktion (Vorderfläche parallel zur Tischkante).

Kategorie 3: Rekonstruktion in einem deutlich geänderten Blickwinkel (90°-Drehung).

In Abb. 34 sind die Häufigkeitsverteilungen sämtlicher Aufgaben bezüglich dieser Klassifizierung dargestellt.

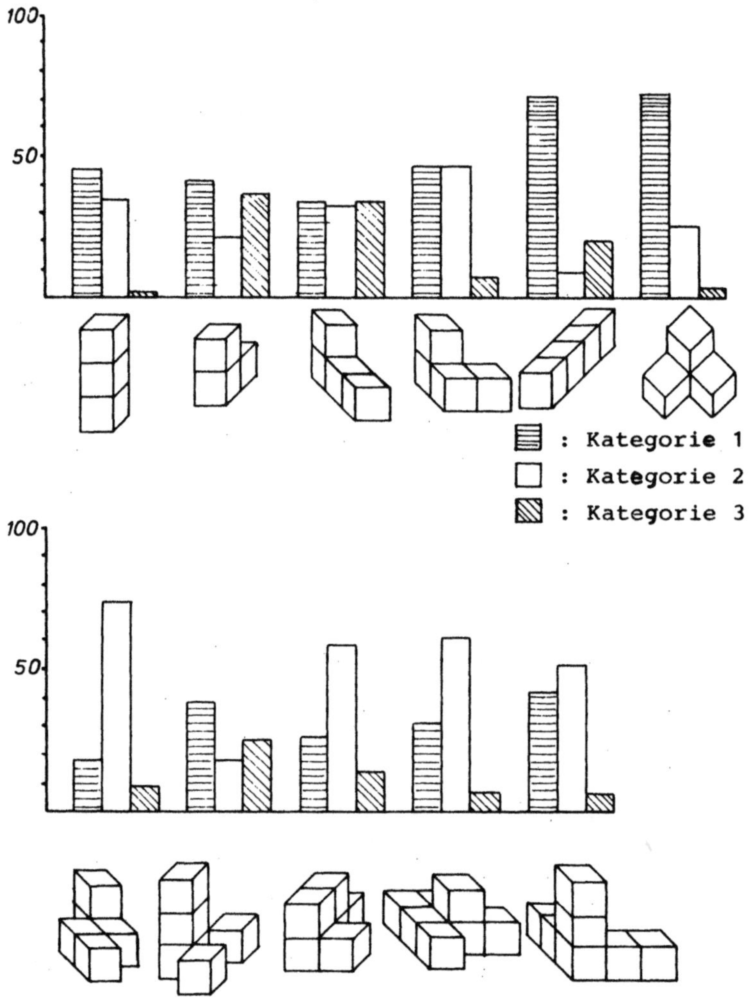

Abb. 34: Perspektivenbeachtung bei den Aufgaben des Typs Z ⟶ W (Häufigkeitsverteilung, Angaben in %)

Die bei den einzelnen Aufgaben sehr unterschiedlichen Verteilungen lassen darauf schließen, daß der Gesichtspunkt der Perspektivenbeachtung bei der Rekonstruktion in starkem Maße von der Struktur der zugrunde liegenden Würfelgebilde abhängig ist.

Zwei Tendenzen sind jedoch abzulesen:

1. Eine verstärkte Berücksichtigung des Blickwinkels läßt sich bei solchen Figuren feststellen, bei denen deses Merkmal ein deutlich dominantes Charakteristikum der in der Vorlage gewählten Darstellungsform bildet, wie etwa die Vogelperspektive oder eine ausgeprägte Schrägrichtung (Tiefenrichtung).

2. Ein eindeutiger Standortwechsel bezüglich der gegebenen Darstellung in Form einer Verlagerung der Tiefe in die Breite tritt bei den Figuren gehäuft auf, in denen die Tiefenausdehnung gegenüber der Breitenausdehnung dominiert. Diese Erscheinung könnte darin begründet liegen, daß die Breite als Baurichtung bevorzugt wird und obige Figuren durch eine 90°-Drehung an Übersichtlichkeit und Einfachheit gewinnen, also eine "bessere Gestalt" bekommen.

In Übereinstimmung mit einer solchen Interpretation steht auch das Ergebnis, daß sich zwischen dem Aspekt der Perspektivenbeachtung und der Stärke des Blickkontaktes zur zeichnerischen Vorlage kein Zusammenhang nachweisen läßt[11]; eine hohe Intensität bei der Informationsaufnahme hat offenbar keine Auswirkungen im Sinne einer besseren Berücksichtigung der vorgegebenen perspektivischen Ausrichtung.

Darüber hinaus läßt sich auch kein Zusammenhang zum Leistungsvermögen der Vpn erkennen; ein Extremgruppenvergleich zwischen dem aufgrund der Vortestergebnisse ermittelten leistungsstärksten und -schwächsten Drittel der Probandengruppe (bestehend aus jeweils 19 Vpn) ergibt nur einen bedeutungslosen χ^2-Wert[12].

Diese Ergebnisse deuten darauf hin, daß dem Gesichtspunkt, ob eine Figur lagegetreu wiedergegeben wird, keine große qualitative Bedeutung zuzuerkennen ist und dieser auch von den Kindern selbst als nebensächlich oder sogar überflüssig empfunden wird.

<u>Reihenfolge</u>

Die Reihenfolge, in der die Vpn bei ihren Rekonstruktionen die Würfel zusammensetzten, wurde nur bei einem Teil der Aufgaben in die quantitative Auswertung einbezogen.

In Tab. 2 sind die Häufigkeiten, mit denen die einzelnen Würfel einer Figur als jeweils erste gelegt wurden, aufgeführt.

Tab. 2: absolute Häufigkeiten der Anfangswürfel bei den Rekonstruktionen des Typs Z ⟶ W[14)]

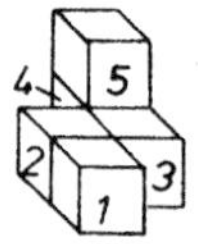
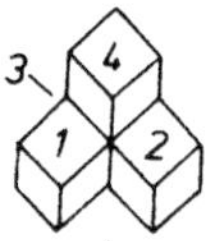
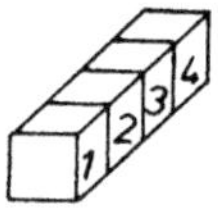
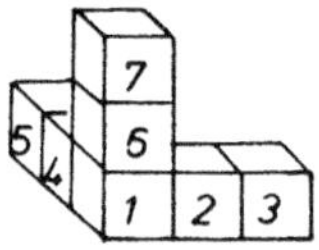

Würfelbezeichnung[13)]	1	2	3	4	5	1	2	3	4	1	2	3	4	1	2	3	4	5	6	7
absolute Häufigkeit	22	8	21	3	-	22	-	18	-	39	-	-	5	31	-	6	-	8	-	-

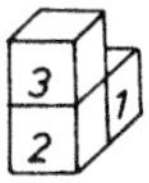
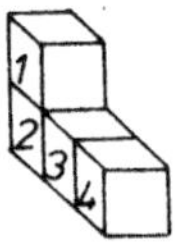
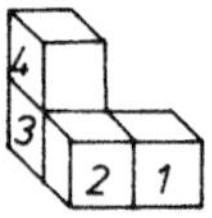

Würfelbezeichnung[13)]	1	2	3	1	2	3	4	1	2	3	4
absolute Häufigkeit	8	27	-	-	16	6	14	17	8	21	-

Bereits diese Zahlen deuten an, daß kaum übergeordnete Gesichtspunkte zu finden sind, die zur Erklärung von Baustrategien herangezogen werden könnten. So läßt sich z.B. bei der Figur

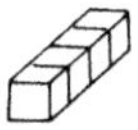

eine statistisch hoch signifikante Bevorzugung der Baurichtung von vorn nach hinten feststellen, während bei der ähnlichen Figur

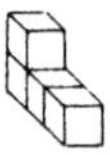

eine solche Dominanz nicht besteht. Insgesamt wurden (bis auf die dritte Figur in Tab. 2) bei allen Aufgaben zwischen mindestens 5 und höchstens 13 verschiedene Vorgehensweisen registriert; es ist daher zu vermuten, daß dieser Aspekt stark situationsspezifisch und unter Umständen im wesentlichen zufallsbedingt ist.

b) Qualitative Analyse

Die Würfelfiguren, die den folgenden Beispielen zugrunde liegen, sind jeweils (eingerahmt) mit angegeben.

Beispiel 1: Jan bemerkt während seiner Rekonstruktion (Abb. 35): "Von oben diesmal"

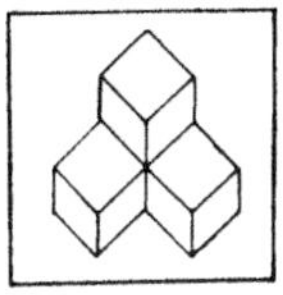

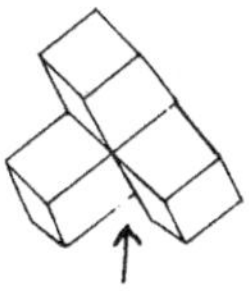

Abb. 35[15]: Jan

Beispiel 2: Claudia meint zu ihrer auch in der Perspektive korrekten Wiedergabe: "Ich brauche vier Würfel, und auf dem Blatt sind nur drei." Sie überlegt lange, nimmt die aufeinander stehenden Würfel zwischenzeitlich weg und ist mit ihrer richtigen Lösung sichtbar unzufrieden.

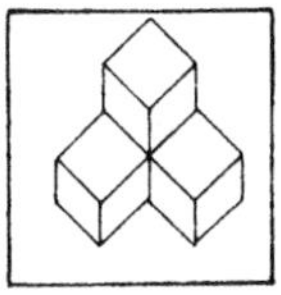

Beispiel 3: Thorsten erwidert auf die Frage, ob seine Figur (Abb. 36a) genau das gleiche sei: "Nein - So"
Vl: "Geht es nicht so richtig bei dir?"
Th: "Nein"
Vl: "Was geht denn nicht?"
Th: "Diese Dinger da" (meint die beiden vorderen Würfel) - "Haut schon wieder nicht hin." - "So? Auch nicht"
Vl: "Meinst du, das geht nicht?"
Th: "Nein"
Während des Gesprächs führt er laufend Korrekturen an seiner Rekonstruktion durch (Abb. 36 b, c)

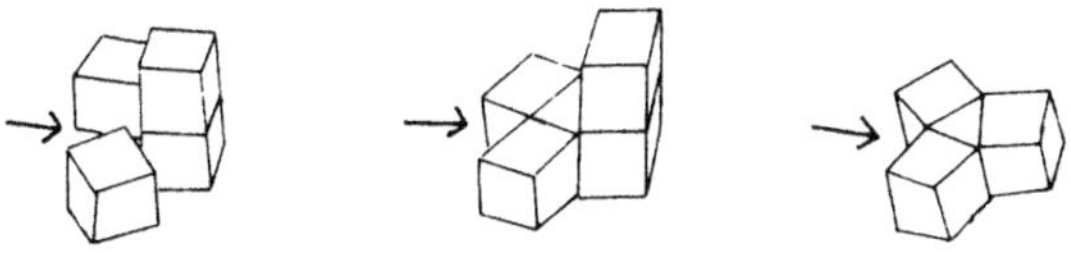

a) b) c)

Abb. 36: Thorsten

Beispiel 4: Abb. 37 zeigt zwei weitere fehlerhafte Rekonstruktionen der gleichen Figur wie in Beispiel 3, mit denen sich jedoch die Vpn auf eine entsprechende Vl-Frage hin zufrieden zeigten.

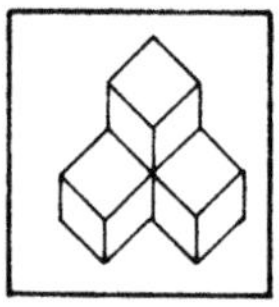

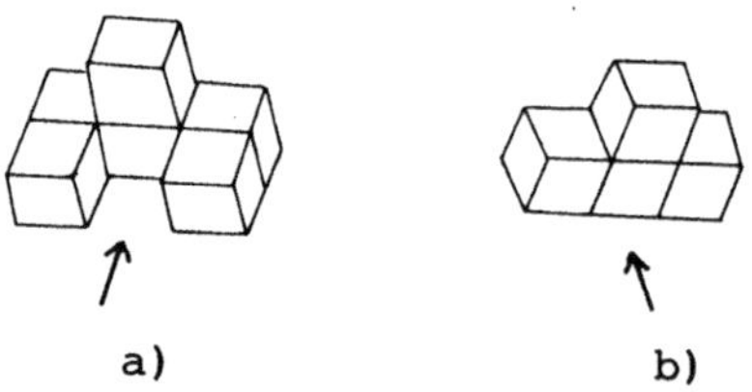

Abb. 37: Petra (a), Barbara (b)

Beispiel 5: Hendrik äußert auf die Frage des Vls, was das (die Vorlage) wohl sei: "'Ne Mauer - Oder 'n Turm"
Vl: "Sieht das (die Rekonstruktion) genauso aus wie auf dem Blatt?"
He: "Ja, wenn's ein Turm sein soll."
Vl: "Soll das denn einer sein? Was meinst du?"
He: "Hm. Sieht doch ein bißchen so aus wie eine Mauer."
Er korrigiert sein Gebilde und legt es in die Tiefe.

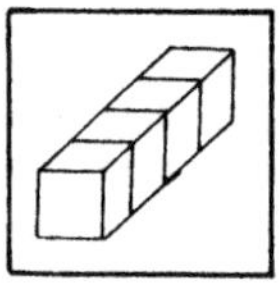

Beispiel 6: Barbara rekonstruiert die Vorlage in die Breite und meint auf die Frage des Vls, ob ihr Gebilde genauso aussieht: "Bei mir ist es auch das gleiche. Nur daß es jetzt ein bißchen quer geht." Sie korrigiert ihre Figur und legt sie in die Tiefe.

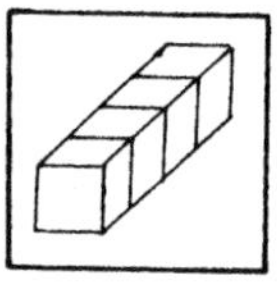

Beispiel 7: Andreas meint: "Soll ich das so hinlegen oder einfach ..." und legt die Würfel hintereinander.

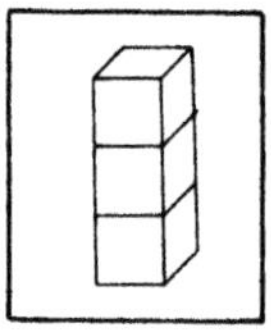

Die obigen Beispiele sind insofern nicht charakteristisch für die Gesamtheit der Vpn, als die meisten Rekonstruktionen innerhalb weniger Sekunden ohne wesentliche begleitende Äußerungen von Seiten der Schüler erfolgten. Sie liefern dennoch Ansatzpunkte zur näheren Erklärung von Schwierigkeiten, die sich bei einzelnen Kindern im Zusammenhang mit ihren Wiedergabeversuchen ergeben.

Die in dieser Hinsicht bei weitem ergiebigste Aufgabe bildet die Figur, auf die sich die ersten vier Beispiele beziehen. Diese weisen auf deutliche qualitative Unterschiede in den Lösungsansätzen hin.

So hat Jan (Beispiel 1) bei seiner Rekonstruktion offensichtlich keine Probleme sowohl mit der perspektivischen Ausrichtung der zeichnerischen Vorlage als auch mit dem dort nicht sichtbaren Würfel; darüber hinaus ist er jedoch der einzige Schüler überhaupt, bei dem aus einer verbalen Äußerung ein Verständnis der Perspektive zu entnehmen ist.

Claudia (Beispiel 2) bringt hingegen in ihrer Wiedergabe die perspektivische Darstellungsform richtig zum Ausdruck, kommt jedoch bei dem unsichtbaren Würfel in Konflikte. Sie scheint aufgrund der Informationen, die ihr der Informationsträger liefert, davon auszugehen, daß die Figur nur drei Würfel enthält, muß aber bei ihrem Reproduktionsversuch feststellen, daß ein adäquates Bild im Medium der konkreten Würfel vier solcher Elemente erfordert. Ihr gelingt es nicht, den für sie daraus entstehenden Widerspruch (Elementezahl einerseits, Äquivalenz der Darstellungen andererseits) zwischen den beiden Medien aufzulösen.

Bei Thorsten (Beispiel 3), Petra und Barbara (Beispiel 4) wiederum ist das Perspektivenproblem entscheidend für ihr Scheitern; alle drei Schüler gehen von einer im Prinzip frontalen Rekonstruktionsweise aus. Damit ergibt sich zwangsläufig die Notwendigkeit, bestimmte Merkmale der Vorlage bei der Wiedergabe zerstören zu müssen. Während bei einer korrekten (frontalen) Reproduktion es vor allem der Aspekt der Symmetrie ist, auf den verzichtet werden muß, versuchen die hier betrachteten Vpn offenbar, genau diese Eigenschaft beizubehalten. Darüber hinaus ist Thorsten - im Gegensatz zu Barbara - in erster Linie bestrebt, unter Verzicht auf das vollständige Berühren der Seitenflächen benachbarter Würfel die Schräglage (Winkel) der beiden vorderen Würfel wiederzugeben, während Petra beide Gesichtspunkte berücksichtigt, dabei jedoch einen Anzahlfehler in Kauf nimmt.

Aus der Tatsache, daß derartige auf mangelndes Verständnis der vogelperspektivischen Darstellung zurückzuführende Fehlleistungen bei den anderen (in der Kavalierperspektive abgebildeten) Figuren nicht aufgetreten sind, kann jedoch nicht ohne weiteres auf ein besseres Verständnis der letzteren Darstellungsart als solche bei Kindern dieses Alters geschlossen werden. Vielmehr ist eine "Überlegenheit" der Kavalierperspektive in bezug auf Rekonstruktionsaufgaben im Medium der konkreten Würfel bereits allein deshalb zu erwarten, weil diese Darstellung der (in der Regel verwendeten) frontalen Bauweise stärker entspricht als die Vogelperspektive, bei der wegen der Symmetrie der Darstellung keine Auszeichnung einer Vorderfläche (und damit Festlegung der Breiten- und Tiefendimension) besteht, und die daher die bewußte Berücksichtigung eines ausgewählten Blickwinkels bei der Rekonstruktion erfordert.

Ein weiterer Gesichtspunkt, auf den eine Reihe von Rekonstruktionsfehlern zurückzuführen sind (vgl. S. 58), wird in den Beispielen 5 - 7 angesprochen. In allen drei Situationen haben die Vpn Probleme mit der Dimensionswiedergabe bei eindimensional gebauten Figuren. Während bei Barbara (Beispiel 6) durch die Korrektur die Figur als solche nicht verändert wird - sie hält den Unterschied selbst offenbar für nicht wesentlich -, schwankt etwa Hendrik (Beispiel 5) zwischen Interpretationen der vorgegebenen Darstellung, die er selbst als substantiell verschieden empfindet. Seine Schwierigkeiten liegen eindeutig bei der Informationsaufnahme, die Rekonstruktion ist nur Ausdruck einer auf unmittelbare Wahrnehmung beruhenden Entscheidung. Nicht so klar interpretierbar ist hingegen die Reaktion von Andreas (Beispiel 7). Es ist denkbar, daß bei ihm der Aktivitätsbereich insofern eine größere Rolle spielt, als er der Frage, ob er die Würfel auf- oder hintereinander legen soll, keine große Bedeutung zumißt.

Diese Beispiele zeigen, daß eine qualitativ weitergehende Analyse anhand von Einzelfällen bei dem hier diskutierten Aufgabentyp nur sehr beschränkt möglich ist. Die Hauptursache hierfür liegt in der Struktur des eingesetzten Aktivitätsbereiches (konkrete Würfel) begründet: die Klasse der möglichen Alternativen, die beim Umgang mit diesem Material bestehen, ist derartig begrenzt, daß eine differenzierte Analyse der Schülerhandlungen hinsichtlich der darin zum Ausdruck kommenden inneren Konzepte kaum ermöglicht wird. Darüber hinaus erweisen sich die verbalen Äußerungen der Vpn aus zweierlei Gründen als wenig ergiebig: zum einen sind die sprachlichen Fähigkeiten vielfach noch nicht hinreichend entwickelt, um mehr als nur globale Eindrücke wiedergeben zu können, zum anderen bietet die Aufgabenstellung für die Vpn keinen großen Anreiz zu adäquaten Verbalisierungen.

Zu einer größeren Ergiebigkeit des Datenmaterials sowohl bezüglich der Handlungsaktivitäten als auch hinsichtlich der verbalen Komponente führt die Veränderung der Aufgabenstellung im Untersuchungsabschnitt P $\longrightarrow$ W, die durch den andersartigen Einsatz des Informationsträgers bewirkt wird. Die Ergebnisse dieser Phase sind in 4.2.2 dargestellt.

c) Zusammenfassung

Der Aktivitätsbereich konkrete Würfel stellt bezüglich der hier gewählten Vorlagen (zeichnerische Konfigurationen aus 4 - 7 Würfeln) ein Medium dar, welches von den Vpn weitgehend beherrscht wird.

Gewisse Schwierigkeiten zeigen sich bei Würfelgebilden mit isoliertem Auftreten der Höhendimension (Tiefenwiedergabe), mit komplexen Lagebeziehungen zwischen den einzelnen Teilelementen, mit einem in der Vorlage nicht sichtbaren Würfel und mit der Vogelperspektive als Darstellungsform, die aufgrund ihrer Symmetrie im Gegensatz zur Kavalierperspektive eine bewußte Perspektivenbeachtung erfordert.

Eine erhöhte Berücksichtigung der perspektivischen Ausrichtung der Würfelvorlage erfolgt in den Fällen, in denen die Perspektive ein dominantes Merkmal der Vorlage darstellt. Perspektivenveränderungen (Verlagerungen der Tiefe in die Breite) treten dagegen gehäuft bei solchen Gebilden auf, bei denen die Tiefenausrichtung gegenüber der Breitenausrichtung dominiert; eine Erscheinung, die bei einer bevorzugten Vorgehensweise von links nach rechts verständlich erscheint.

Die zuletzt erwähnte Strategie wird zwar vielfach angewendet, erweist sich jedoch keineswegs als allein dominierend. Vielmehr stellt sich die Vorgehensweise bei der Rekonstruktion als stark situationsspezifisch und vermutlich zufallsabhängig heraus.

4.2.2 Rekonstruktion (falscher) Plättchenfiguren

a) Quantitative Analyse

Die statistische Auswertung dieses Teiles der Untersuchung bezieht sich im wesentlichen auf zwei Problemkreise: zum einen auf den Aspekt der bei den Rekonstruktionen gewählten Dimensionsausrichtung, zum anderen auf die Frage, inwieweit Fehler in der vorgelegten Figur "erkannt" und bei der Wiedergabe berücksichtigt werden.

In Tab. 3 sind die Ergebnisse bezüglich des erstgenannten Gesichtspunktes aufgeführt; die dort unterhalb der als Informationsträger verwendeten Plättchenfiguren abgebildeten Würfelgebilde stellen diejenigen (korrekten) Bauten dar, denen die jeweilige Rekonstruktion entspricht bzw. am nächsten kommt. Reproduktionen, die keinem dieser Gebilde (eindeutig) zuzuordnen sind, sind in Tab. 3 nicht berücksichtigt.

Tab. 3: absolute Häufigkeiten der Rekonstruktionstypen bei den Aufgaben des Typs P ⟶ W

Plättchen-vorlage	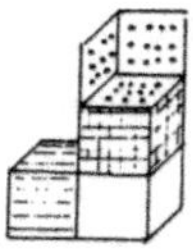		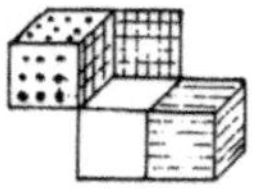	
Rekon-struk-tions-typ	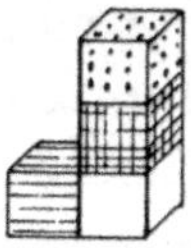	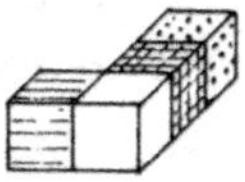	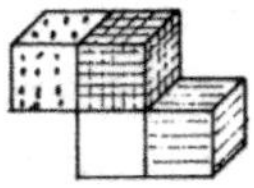	
gesamt	35	21	12	38
starke Vpn	12	6	2	14
schwache Vpn	10	9	5	11

Plättchen-vorlage			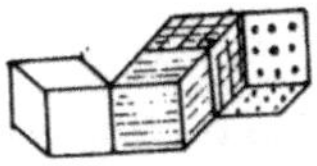		
Rekon-struk-tions-typ	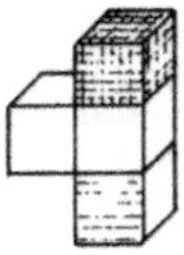	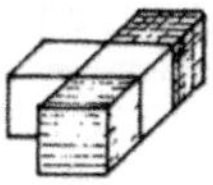	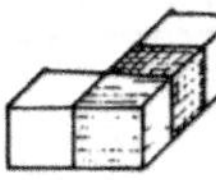	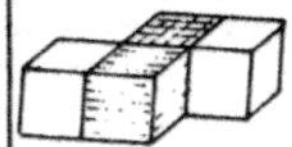	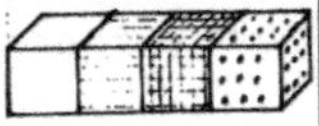
gesamt	31	22	2	28	18
starke Vpn	10	7	-	12	4
schwache Vpn	13	6	-	5	10

Als interessant erweist sich bei einer Analyse der Resultate vor allem ein Vergleich der Figuren

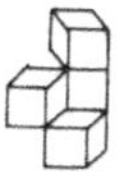 und 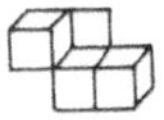

Beide Darstellungen unterscheiden sich - abgesehen von der Farbverteilung - nur in der Position eines einzigen Plättchens (des blauen bzw. roten), sind also hinsichtlich der Lage dreier Plättchen identisch. Dennoch besteht bei der ersten Figur eine weitaus stärkere Tendenz zur Rekonstruktion in die Höhendimension als bei der zweiten; der Unterschied erweist sich als statistisch hochsignifikant[16]. Diese Erscheinung läßt Interpretationsmöglichkeiten in zweierlei Hinsicht zu.

1. Die Kinder neigen dazu, ihre Rekonstruktionen aufgrund globaler Wahrnehmungseindrücke unter Berücksichtigung eines einzelnen dominanten Merkmals durchzuführen. So ist offensichtlich allein die exponierte Stellung des roten Plättchens in der Figur

   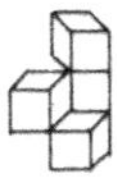

   entscheidend für die Bevorzugung der Höhendimension.

2. Höhen- und Tiefenkonzept bezogen auf perspektivische Darstellungen sind bei den Vpn noch wenig differenziert (vgl. 3. auf S. 58). Für diese Annahme spricht auch das Ergebnis der Aufgabe

   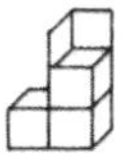

   bei der, obwohl drei Plättchen korrekt (im Sinne einer Höhendarstellung) gelegt sind, fast 40 % der Probanden die Tiefenreproduktion wählen.

Ein Vergleich der Extremgruppen zeigt, daß bei der Entscheidung zwischen der Höhen- und Tiefendimension bei den ersten drei Aufgaben das Leistungsvermögen der Vpn - gemessen durch den Vortest - keine entscheidende Rolle spielt. Ein deutlicher Unterschied zwischen leistungsstarken und -schwachen Schülern bezüglich des Typs der Rekonstruktion ist bei der Aufgabe

festzustellen; dieser könnte Ausdruck einer differenzierteren Figurenanalyse bei den leistungsstärkeren Vpn sein.

Weitere Aufschlüsse über diese sowie die beiden oben aufgestellten Vermutungen gibt neben der Studie von Einzelfällen (S. 74 ff) eine quantitative Analyse der Reaktionsweisen der Vpn auf die ihnen gestellten Aufgaben.

In Abb. 38 ist für die einzelnen Aufgaben der Anteil der Vpn dargestellt, welche die ihnen vorgelegte Plättchenfigur als im üblichen Sinne (d.h. mit ganzflächiger Berührung der Seiten zweier benachbarter Würfel wie etwa bei den Würfelbauten, die den Darstellungen in Tab. 3 entsprechen), nicht nachbaubar empfanden. Eine solche Unzufriedenheit konnte zum einen verbal und zum anderen enaktiv durch schräges oder versetztes Aneinanderhalten benachbarter Würfel (aus den Fotoaufnahmen nachträglich ablesbar) zum Ausdruck gebracht werden.

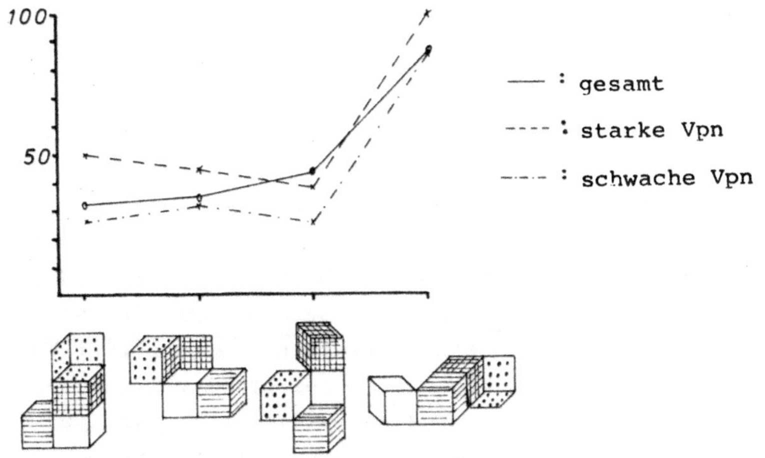

Abb. 38: Anteil der Vpn, die die jeweilige Plättchenfigur für nicht korrekt nachbaubar halten (Angaben in %)

Bei einer Bewertung der Zahlenangaben in Abb. 38 ist einschränkend zu berücksichtigen, daß Vpn, deren Handlungen bzw. Äußerungen nur ein vages Unbehagen andeuteten oder widersprüchlich waren, darin nicht positiv berücksichtigt sind und darüber hinaus nicht unbedingt alle Kinder ihre Unzufriedenheit auch zum Ausdruck gebracht haben (vgl. S.74 ff).

Dennoch bieten sie einige Vergleichsmöglichkeiten.

1. Der Unzufriedenheitsgrad bleibt bei den drei ersten Figuren trotz starker Unterschiede in der Qualität der Fehler in etwa gleich, liegt dagegen bei der in Abb. 38 vierten Figur deutlich höher, obwohl dieses Gebilde in seiner Fehlerstruktur mit der dritten Vorlage vergleichbar ist. Die entscheidende Ursache hierfür könnte in der Dimensionsausrichtung liegen. Während die ersten drei Figuren den Vpn die Möglichkeit bieten, das Problem der Abweichung von einer korrekten Darstellung auf den Gesichtspunkt der Entscheidung zwischen zwei Dimensionen (Höhe, Tiefe) zu beschränken, ein Konzept, welches noch nicht voll entwickelt ist, sind die Abweichungen der im wesentlichen in die Breite ausgerichteten letzten Figur von einer korrekten Darstellung nicht in dem Maße durch eine Dimensionsveränderung ausdrückbar und wirken möglicherweise dadurch zwingender und auffälliger als bei der dritten Vorlage.

2. Fehler in der perspektivischen Darstellung werden bei allen vier Gebilden von der Gruppe der leistungsstarken Schüler häufiger erkannt als von den leistungsschwachen Vpn; der Unterschied erweist sich bezogen auf die Gesamtheit der Aufgaben als statistisch signifikant[17]. Aufschlußreich ist eine nähere Analyse dieses an sich nicht überraschenden Resultates. Danach sind die Differenzen bezogen auf die enaktiven Aktivitäten (Art des Aneinandersetzens benachbarter Würfel) nur unerheblich[18], während sich bei dem (aufgrund verbaler Äußerungen ermittelten) Grad an Zufriedenheit mit der eigenen wie auch immer gearteten Rekonstruktion eine hochsignifikante Abweichung ergibt[19]. Dieses Ergebnis deutet darauf hin, daß die guten Schüler eher dazu in der Lage sind, Unstimmigkeiten in der perspektivischen Darstellung verbalisierend zu beschreiben. Die Frage bleibt dann, ob die Unterschiede allein auf bessere allgemeine sprachliche Fähigkeiten der leistungsstarken Gruppe zurückzuführen sind, oder ob deren sprachliche Überlegenheit Ausdruck einer auch konzeptionellen Überlegenheit hinsichtlich der hier verlangten projektiven Begriffsbildungen ist.

Da das Sprachverhalten der Schüler kaum quantitativ faßbar ist, kann in diesem Abschnitt darauf nicht näher eingegangen werden (vgl. dazu S. 74 ff).

Möglich ist es jedoch, die Handlungen der Vpn im Aktivitätsbereich auch zahlenmäßig detailliert zu analysieren. Hierbei scheint vor allem die Frage von Interesse, inwieweit die Vpn die exakten Positionen der Fehler in den vorgelegten Figuren bei ihren Rekonstruktionen wiedergeben.

Tab. 4 gibt einen Überblick über die Ergebnisse zu diesem Aspekt.

Tab. 4: absolute Häufigkeiten der ganzflächigen Berührungen zwischen benachbarten Würfeln bei den Rekonstruktionen des Typs P ⟶ W

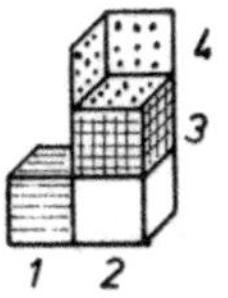			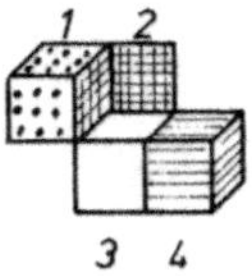			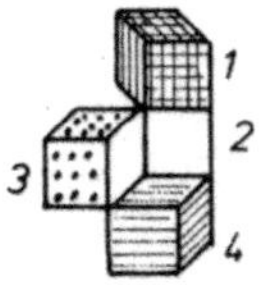			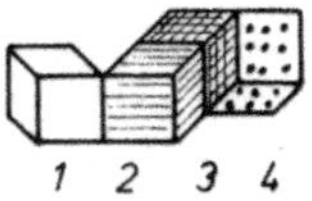		
1-2	2-3	3-4	1-2	2-3	3-4	1-2	2-3	2-4	1-2	2-3	3-4
55	56	44	51	45	56	43	51	39	27	37	39

Auf ein bemerkenswertes Resultat weist ein Vergleich der Figuren

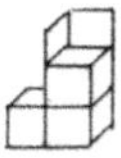 und 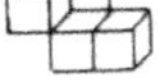

mit der Figur  hin.

Bei den ersten beiden Gebilden werden die korrekten Bestandteile von so gut wie allen Vpn bei der Rekonstruktion auch als korrekt wiedergegeben; die Vpn, die "Fehler" enaktiv zum Ausdruck bringen, sind in der Lage, diese in der Figur exakt zu lokalisieren. Bei der dritten Vorlage hingegen reproduzieren 34 % der Schüler die korrekte Teilfigur, bestehend aus dem blauen () und dem roten () Plättchen, in einer unnatürlichen Weise, mehr Vpn sogar als bei dem (falsch gelegten) Ausschnitt mit dem roten und grünen (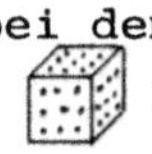) Plättchen.

Für eine Interpretation dieses Phänomens stellt sich die ungenügende Strukturierung des Aufgabenmaterials (vgl. 3.3, S. 35) als Hindernis heraus; es können hier nur Vermutungen angestellt werden. So bleibt zum Beispiel ungeklärt, ob Schüler, welche den mittleren Teil der Figur 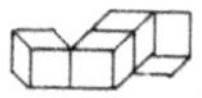

als "falsch" wiedergeben, diesen Bestandteil bei der wahrnehmungsmäßigen Erfassung der Vorlage wirklich als falsch ansehen, oder ob sie ihre Rekonstruktionen aufgrund eines globalen Wahrnehmungseindruckes erstellen, bei dem die auffallenden, die Homogenität der Figur störenden Merkmale an den beiden Seiten der Vorlage gegenüber dem mittleren Teil dominieren. Offen bleibt darüber hinaus der Einfluß des Aktivitätsbereiches: Es ist denkbar, daß bei der Reproduktion von den Vpn nur eine Verlagerung des roten Würfels gegenüber dem grünen Würfel erreicht werden soll, die dann möglicherweise unbeabsichtigt auch die Beziehung zum benachbarten blauen Würfel stört.

Genauere Aufschlüsse sind aus dem vorliegenden Material leider kaum zu gewinnen; dazu wäre es erforderlich, die Verhaltensweisen bei Aufgabenstellungen zu untersuchen, die hinsichtlich des betrachteten Aspektes systematisch variiert werden.

b) Qualitative Analyse

Beispiel 8: Olav hält seine Rekonstruktion (Abb. 39) für korrekt und legt zur Kontrolle die Plättchenfigur auf sein Würfelgebilde: "Ja, ich hab's vergleicht." Entsprechend verfährt er auch bei den anderen Figuren.

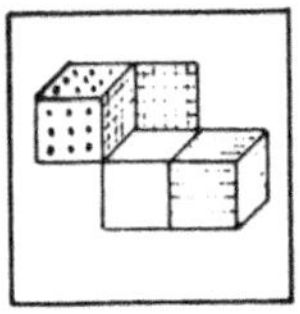

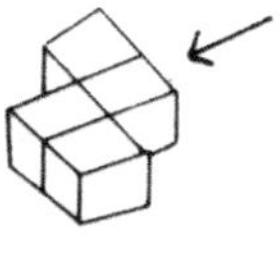

Abb. 39: Olav

Wie Olav halten viele Vpn die vorgelegten Figuren für nachbaubar (vgl. a)); nur selten jedoch werden - wie bei ihm - alle vier Figuren als "korrekte" Gebilde rekonstruiert. Eine "Kontrolle" durch Legen der Figur auf die Würfel wird auch von einigen anderen Schülern durchgeführt.

Beispiel 9: Rainer meint zur Vorlage: "Der sieht schön aus. Aber der geht doch ein bißchen schwer." Er rekonstruiert die Figur in die Tiefe, ohne den Fehler zu berücksichtigen, und ist mit seinem Ergebnis zufrieden.

Beispiel 10: Rachel rekonstruiert die Plättchenfigur wie Rainer, legt sie auf den Würfelbau und meint auf die Frage des Vls, ob es genauso ist: "Ja. Nur da ist eine Ecke ab." (gemeint ist der verdeckte Teil des blauen () Plättchens). Erläuternd äußert sie: "Das kann man nicht anders legen."

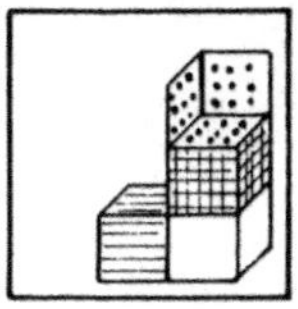

Beispiel 11: Rachel und Thorsten geben die Vorlage in die Tiefe (als korrekte Figur) wieder.

Vl: "Thorsten, du hast vorhin nach oben gebaut."
Th: "Dann fällt das Ding (der grüne Würfel) ja runter."
Ra: "Das wollte ich vorhin auch machen. Aber es ist nicht gegangen, weil, ich konnte das ja nicht hier dran kleben."
Vl: "Müssen die liegen oder stehen?"
Ra, Th: "Liegen"

Beispiel 12: Andreas meint zur Vorlage: "Vielleicht 'ne komische Figur!" Auf die Frage, was daran so komisch sei, antwortet er: "Du hast die so komisch ineinandergebastelt, so ... so lose, ich glaube so oder irgendwie."

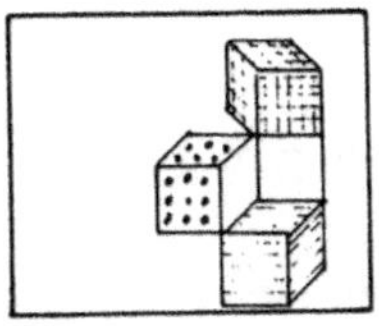

Beispiel 13: Jörg äußert zur vorgelegten Figur: "Kann man ja gar nicht" (nachbauen) - "Die sind zu wackelig." (Abb. 40)

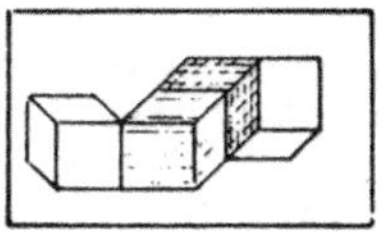

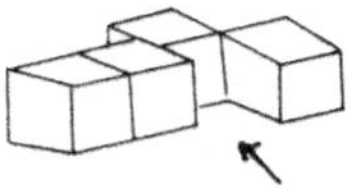

Abb. 40: Jörg

Beispiel 14: Auf die Frage des Vls, ob die Plättchenfigur mit den Würfeln nachzubauen ist, meint Nicole: "Ja", Jost dagegen: "Nein, niemals."

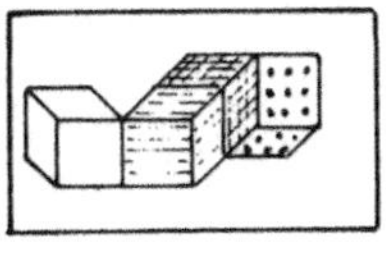

Vl: "Nein, Jost? Warum denn nicht?"
Jo: "Nicole, das kriegen wir nicht fertig."
Vl: "Was meinst du denn, warum denn nicht, Jost?"
Jo: "Weiß nicht, weil das hier ... mit einer Ecke dadran."

VL: "Du meinst, der rote Würfel (), der geht nicht richtig?"
Jo: "Weiß nicht, aber ich probier's."
Er hält seine Rekonstruktion (Abb. 41) für nicht der Vorlage entsprechend, während Nicole mit der ihrigen, die der von Jost entspricht, zufrieden ist.

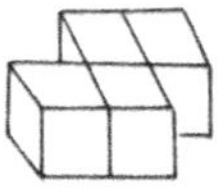

Abb. 41: Jost

Beispiel 15: Rainer äußert zur Vorlage: "Genau nachbauen müssen wir die. Ich baue die richtig nach, wie die meinen." Er verneint die Frage, ob sein Gebilde (Abb. 42) genauso aussieht wie die Plättchenvorlage und meint auf die Aufforderung, sie möglichst gut nachzubauen: "Da hab' ich ja Schwierigkeiten mit. Nein, das schaff' ich nicht."

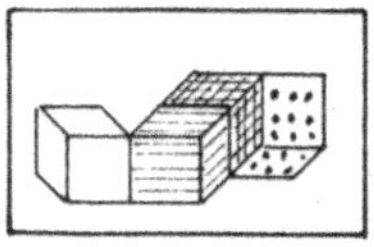

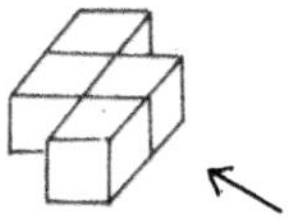

Abb. 42: Rainer

Beispiel 16: Thorsten meint zur Plättchenfigur: "Muß man nur richtig sehen!"

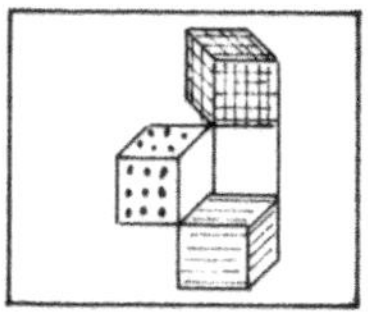

Beispiel 17: Thorsten verneint die Frage, ob seine Konfiguration (Abb. 43 a) wie die Vorlage aussieht, mit der Begründung: "Nein. Hier das geht ja so hoch und dann wieder gerade." (meint die Plättchenfigur) Er korrigiert sein Gebilde (Abb. 43 b) und hält es dann für richtig.

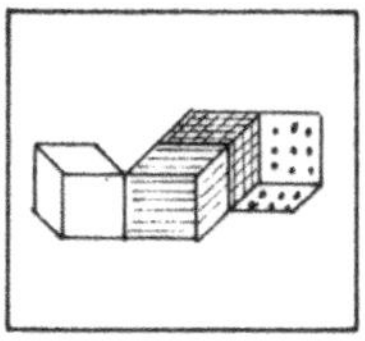

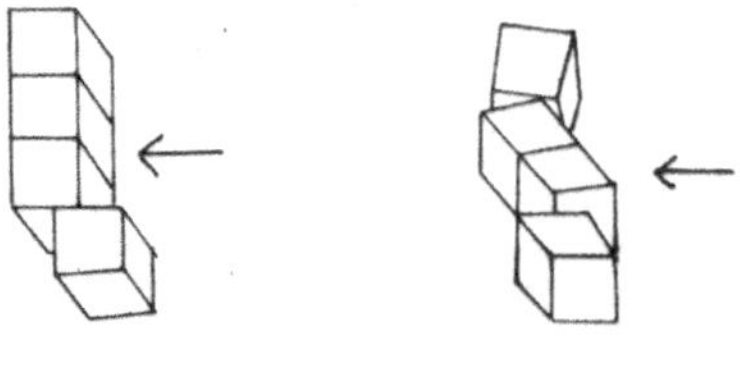

a) b)

Abb. 43: Thorsten

Beispiel 18: Rainer meint zu Marc: "Nicht richtig nachmachen, du mußt das hier auch, hier da mit diesen Ecken und Kanten so komisch machen."
Ma: "Nein, das brauchen wir nicht."
Ra: "Doch!"

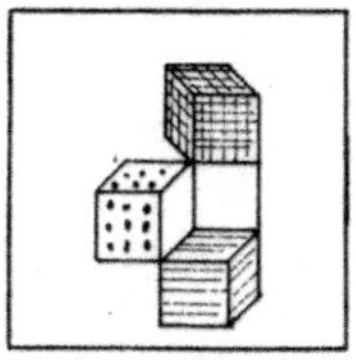

Beispiel 19: Thomas baut die Figur zunächst als Turm: "der gelbe (), der macht mich ...", kippt ihn nach hinten um und äußert sich zufrieden.
Vl: "Du hast die eben anders gebaut als am Anfang."
Th: "Hm, das geht aber nicht so gut."
Das Würfelgebilde wird wieder hochgestellt.
Vl: "Ist es jetzt besser als die?" (in die Tiefe)
Th: "Nä, das ist nicht gut. Das ist noch schlechter."
Vl: "Warum ist die schlechter?"
Th: "Weil man die immer festhalten soll."

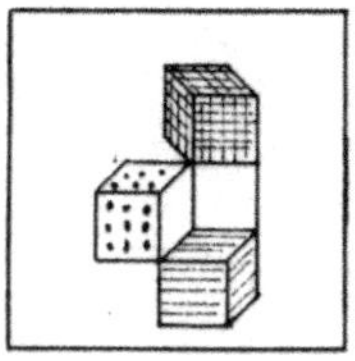

Beispiel 20: Hendrik meint auf die Frage, ob die Figur nachzubauen ist: "Wenn das ein Turm sein soll, dann geht das nicht." Er begründet: "Dann muß man das dransetzen und dann fällt das ja runter, und das geht ja nicht."

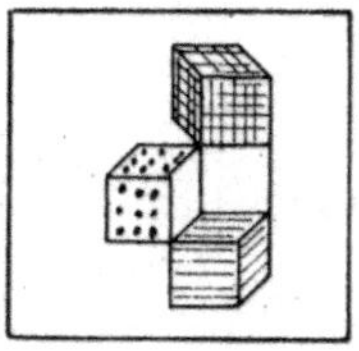

Beispiel 21: Jutta antwortet auf die Frage, ob die Vorlage nachzubauen ist: "Nicht sehr gut." - "Wegen dem grünen" (). Sie hält den grünen Würfel mit einer Kante auf den roten () (Abb. 44).

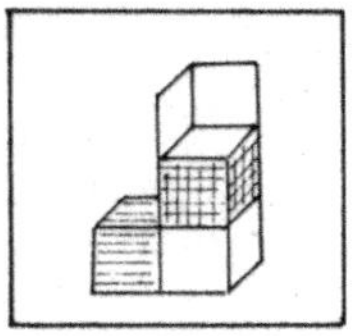

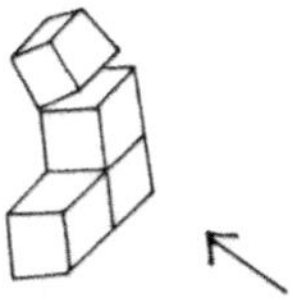

Abb. 44: Jutta

Beispiel 22: Ferdinand bemerkt: "Die Ecke krieg' ich nicht rein." (zwischen gelb () und blau ())

Beispiel 23: Bernd meint zur Vorlage: "Die Lücke geht da wieder nicht." (Abb. 45)

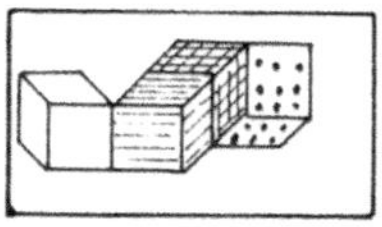

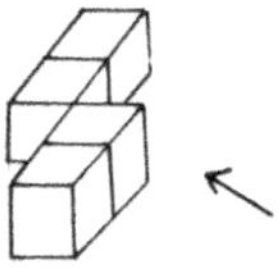

Abb. 45: Bernd

Beispiel 24: Lars ist mit seiner Rekonstruktion (Abb. 46) nicht zufrieden: "Weil hier (am Plättchen) kann man noch was gelbes ( ) sehen und hier nicht mehr."

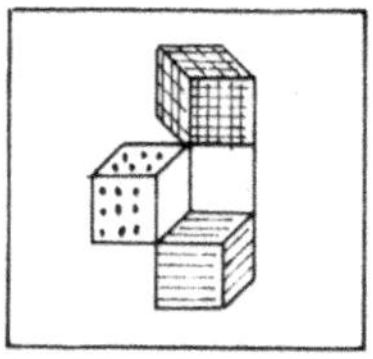

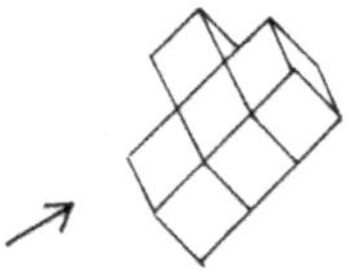

Abb. 46: Lars

Beispiel 25: Frank baut regulär in die Tiefe: "Das stimmt alles. Bis auf das hier vorne. Die Wand da stimmt da nicht." (meint die linke rote ( ) Seitenfläche)

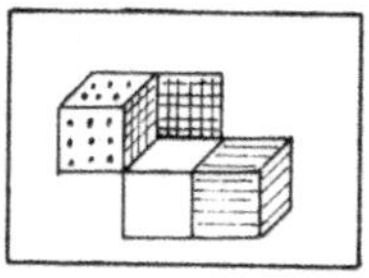

Beispiel 26: Bernd bemerkt: "Es gibt keine farbigen Würfel." (Er meint zweifarbige Würfel, ordnet also die obere gelbe ( ) Fläche dem roten ( ) Würfel zu)

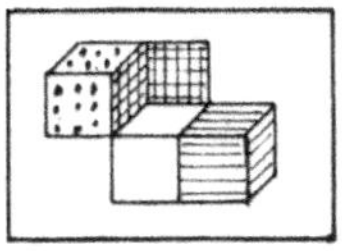

Beispiel 27: Sven meint zu dem gelben ( ) Plättchen:

"Ja, der Würfel hat nicht so viele Seiten nach außen. Dann kann man das ja nicht richtig bauen."

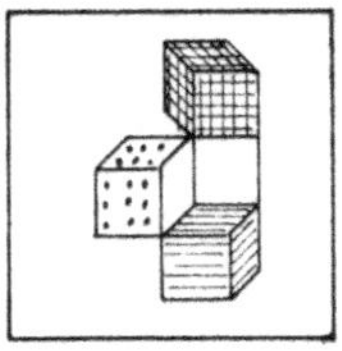

<u>Beispiel 28:</u> Auf die Frage des Vls, ob die Figur nachzubauen geht, entsteht folgendes Gespräch mit Jan und Katharina:

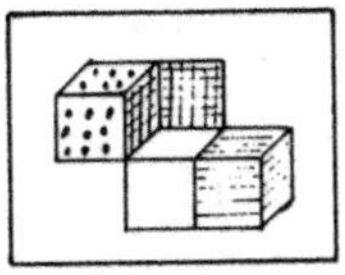

Ka: "Nein, geht erst recht nicht."
Ja: "Das geht überhaupt nicht."
Ka: "Das geht überhaupt nicht mit dem grünen (). Der grüne nicht."
Ja: "Der rote ()"
Vl: "Katharina, du meinst der grüne?"
Ja: "Der rote und der grüne"
Ka: "Ja, der rote und der grüne, du hast recht."

....

Ka: "Nein, wenn man (den roten Würfel) so stellt (Abb. 47 a), dann kann man die Seite nicht sehen, und wenn man so (Abb. 47 b) stellt, dann ist da eine Lücke."

Auf die Frage, ob die Figur stehen oder liegen muß, meinen beide übereinstimmend: "Kann beides sein."

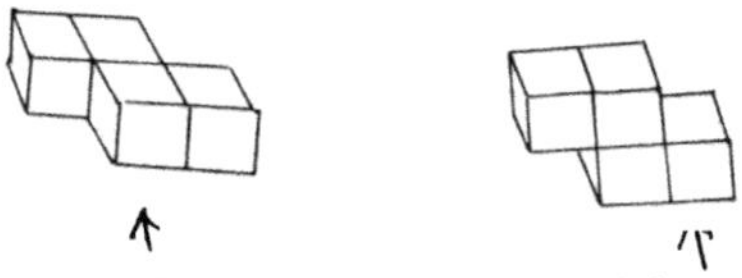

a) b)

Abb. 47: Katharina

<u>Beispiel 29:</u> Jan äußert zur Vorlage: "Kann man ja nicht einfach so draufballern." Begründung: "Dann sieht man ja nicht die untere Kante."

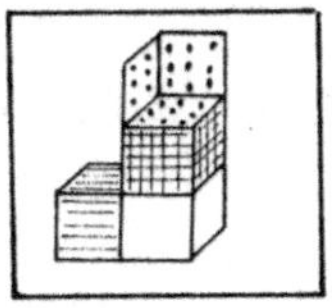

Bei der Analyse der obigen Beispiele fällt sofort das sehr unterschiedliche Sprachverhalten der Vpn auf, wenn etwa versucht wird, die jeweilige Plättchenvorlage in ihren Fehlern zu charakterisieren. Obwohl Äußerungen der Schüler nicht für sich, sondern nur im Zusammenhang mit den sie begleitenden Handlungen gesehen werden dürfen, sind einige typische verbale Reaktionsweisen feststellbar, die sich qualitativ wie folgt anordnen lassen.

1. In vielen Fällen (vgl. Beispiel 8) zeigen sich die Vpn mit der vorgelegten Figur offensichtlich einverstanden; sie machen keine Äußerungen, die auf Unsicherheit oder Bedenken schließen lassen.

2. Charakteristisch für eine zweite Klasse ist eine deutlich geäußerte Skepsis und Unzufriedenheit mit der Plättchenfigur, die sich jedoch auf die Figur in ihrer Gesamtheit bezieht, also nur einen globalen Eindruck wiedergibt. Diese Kategorie reicht von vagen Äußerungen wie: "Der sieht schön aus. Aber der geht doch ein bißchen schwer." (Beispiel 9) bis hin zu eindeutigen Aussagen der Art: "Kann man ja gar nicht" (nachbauen) - "Die sind zu wackelig." (Beispiel 13)

3. Ein weiterer Typ von Reaktionsweisen verbaler Art zeichnet sich gegenüber der vorangegangenen Klasse dadurch aus, daß bereits detailliert die Stellen innerhalb des Informationsträgers beschrieben werden, mit denen die Vpn nicht zufrieden sind, wie z.B. "Die Lücke geht da wieder nicht." (Beispiel 23) oder "Weil hier (am Plättchen) kann man noch was gelbes sehen und hier nicht mehr." (Beispiel 24).

   Zur Begründung werden hier jedoch nur Merkmale herangezogen, die "ebene" Eigenschaften der Vorlage charakterisieren, projektive Begriffsbildung also noch nicht verwendet.

4. Nur in seltenen Situationen verwenden Schüler Begriffe, die auf eine eindeutig räumliche Interpretation und Analyse der Plättchenfigur hinweisen: "Ja, der Würfel hat nicht so viele Seiten nach außen. Dann kann man das ja nicht richtig bauen." (Beispiel 27) "Kann man ja nicht einfach draufballern. - Dann sieht man ja nicht die untere Kante." (Beispiel 29). Insbesondere konzentrieren sich derartige Äußerungen auf einige wenige Vpn, die dann des öfteren Begründungen projektiver Art liefern.

Bereits anhand der angegebenen Beispiele wird deutlich, daß die rein verbale Ebene kaum ein geeignetes Instrument zur Beantwortung der Frage bildet, wie 6 - 8jährige Kinder Gebilde, die sich durch das gleichzeitige Auftreten einander widersprechender Tiefenschlüssel auszeichnen, interpretieren, und ob sie insbesondere derartigen Figuren einen räumlichen Charakter zuerkennen. Wie ein Vergleich mit den quantitativen Ergebnissen von 4.2.2 zeigt, verfügen Kinder dieses Alters offenbar noch nicht über das sprachliche Rüstzeug, das erforderlich ist, ihre konkreten Handlungen adäquat zu verbalisieren.

Es stellt sich hier das Problem, welcher der Aktivitätskomponenten hinsichtlich der ihnen beim Individuum zugrunde liegenden (räumlichen) Konzepte eine stärkere Indikatorfunktion zuzuerkennen ist. Dieser Aspekt spielt auch bei der folgenden Diskussion von (Gesamt-) Einzelbeispielen im Hinblick auf einige besonderes interessierende - teilweise bereits in a) erwähnte - Fragestellungen eine zentrale Rolle.

Eine der am eindeutigsten zu interpretierenden Verhaltensweisen zeigen die Schüler in den Beispielen 8 und 10. Sowohl Olav als auch Rachel glauben, ihre Rekonstruktionen durch Auflegen der Plättchenvorlage überprüfen zu können, verwenden also ein Kriterium, welches allein die Ausdehnung und Anordnung bezüglich einer Grundfläche berücksichtigt und dreidimensionale, projektive Bezüge völlig außer Acht läßt. Da der vertikale Raum durch die Plättchenfiguren in ihrer Eigenschaft als (zweidimensionales) konkretes Material repräsentiert wird, bietet es sich bei diesem Vorgehen an, auch als Rekonstruktionsrichtung die Breiten- und Tiefendimension zu wählen (Beispiel 8), unabhängig davon, welche Dimensionsausrichtung bei einer räumlichen Interpretation des Informationsträger dominiert.

Die Frage, inwieweit allgemein bei den Schülern, die in ihrem Verhalten keine Bedenken gegenüber der Vorlage zeigen (Kategorie 1, S. 80), von einer rein "ebenen" Analyse der Figur ausgegangen werden kann, läßt sich anhand des vorliegenden Untersuchungsmaterials leider nicht beantworten; hierzu wäre ein differenzierteres Eingehen auf einzelne Vpn erforderlich gewesen, als es im Rahmen des in dieser Untersuchung eingesetzten standardisierten Verfahrens möglich war.

Einige Beispiele deuten jedoch darauf hin, daß keineswegs alle Vpn ihre Unzufriedenheit mit der vorgelegten Figur auch tatsächlich artikulieren. So sind etwa Rainer (Beispiel 15), Thorsten (Beispiel 16) und Marc (Beispiel 18) der Meinung, die Würfelkonfiguration bauen zu müssen, die ihrer Ansicht nach dargestellt werden soll; andererseits gibt es möglicherweise auch Kinder, die trotz bestehender Einwände die Vorlage anstandslos reproduzieren, weil die "Nichtexistenz" von Lösungen für sie völlig ungewohnt ist. Bereits aus den letztgenannten Beispielen geht deutlich hervor, daß die Reaktionen der Vpn - entsprechend der Aufgabenstellung - in starkem Maße durch den Aktivitätsbereich und dessen Eigenschaften geprägt sind, also nur beschränkt als Ausdruck dessen zu werten sind, wie der jeweilige Informationsträger wahrgenommen und interpretiert wird.

An zwei weiteren Situationen, die auch im Hinblick auf eine Bewertung der in der Tab. 3 (S. 69) dargestellten quantitativen Resultate von Bedeutung sind, soll dieser Gesichtspunkt präzisiert werden.

1. Für Thomas (Beispiel 19), Rachel und Thorsten (Beispiel 11) bilden Unterschiede in der "Bauqualität" der bei der Vorlage

   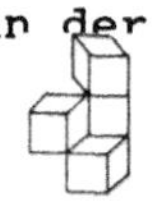

   in Frage kommenden Rekonstruktionsgebilde das entscheidende Kriterium für ihre "Interpretation" der Plättchenvorlage als liegende Figur. Ein derartiger Einfluß - der jedoch nicht die dort festgestellten Unterschiede erklärt - muß bei einer Analyse der Zahlenangaben zu den Figuren

   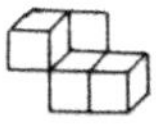 und 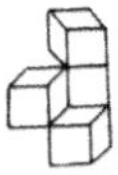

   in Tab. 3 sicherlich berücksichtigt werden.

2. Ein Vergleich einiger Rekonstruktionsversuche der Figur

   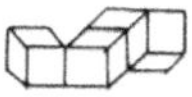

   zeigt die Probleme, die sich dabei zwangsweise ergeben. Während Jost (Beispiel 14), um den roten () Würfel hinter den blauen () plazieren zu können, darauf verzichten muß, dessen eine Seitenfläche sichtbar zu machen, gibt Jörg (Beispiel 13) die Lagebeziehungen des roten und blauen Würfels auf, um den roten Würfel zu betonen. Seine Reproduktion muß durchaus nicht Anzeichen einer falschen oder unvollständigen Analyse der Vorlage sein; sie könnte in seiner Unfähigkeit begründet liegen, beide Merkmale zu berücksichtigen, wie es etwa Thorsten (Beispiel 17) als einer der wenigen Vpn gelingt.

Auch bei den Vpn, welche die Plättchenvorlage eindeutig projektiv interpretieren, läßt sich eine Tendenz zu einer unmittelbar an der Aufgabenstellung fixierten Argumentation feststellen. Ihre Begründungen beziehen sich durchweg auf den Aspekt der (Nicht-) Sichtbarkeit bestimmter Seitenflächen bei den Rekonstruktionsgebilden im Vergleich zur Plättchenfigur (Beispiel 25, 28 und 29); kein Schüler bringt die Widersprüchlichkeit der Figuren selbst, die in dem gleichzeitigen Auftreten mehrerer Blickwinkel besteht, zum Ausdruck. An dieser Stelle wird ein Problem angesprochen, auf das hier nur spekulativ eingegangen werden kann: Die Gründe, die dafür verantwortlich sind, daß 6 - 8jährige Kinder eine "unmögliche" perspektivische Darstellung für "falsch" halten, scheinen weniger allein in der Existenz einander widersprechender Tiefenreize (unterschiedliche Perspektiven aufgrund verschiedener Schrägrichtungen) zu liegen, als vielmehr in den sich daraus ergebenden Unstimmigkeiten bezüglich des dargestellten Objektes.

c) Zusammenfassung

Die enaktiven und verbalen Reaktionen der Vpn bei dem Aufgabentyp, "falsche" Plättchenfiguren mit konkreten Würfeln zu reproduzieren, sollten Informationen darüber liefern, inwieweit bereits 6 - 8jährige Kinder die Widersprüchlichkeit von Tiefenschlüsseln in perspektivischen Darstellungen erkennen.

Insgesamt lassen sich in gut der Hälfte aller Fälle weder aus den Rekonstruktionen (Wiedergabe als "korrekte" Würfelbauten) noch aus den Äußerungen der Vpn Anzeichen für eine Unzufriedenheit mit der Plättchenvorlage entnehmen. Bei einer Bewertung dieser Zahlen ist jedoch einschränkend die völlig ungewohnte Aufgabenstellung zu berücksichtigen (Nichtexistenz einer Lösung); Einzelfälle deuten z.B. an, daß manche Vpn das nachbauen, was die Vorlage ihrer Ansicht nach darstellen soll.

Unzufriedenheitsäußerungen verbaler Art erfolgen vorwiegend global oder unter Bezugnahme auf eine einzelne dominierende (euklidische) Unstimmigkeit im Informationsträger, nur selten wird eine detaillierte Analyse unter Verwendung auch projektiver Begriffsbildungen vorgenommen.

Dagegen erfordern entsprechende Reaktionen im enaktiven Bereich zwangsweise eine genaue Fixierung der inkonsistenten Stellen innerhalb der Figur. Auch hier zeigen sich jedoch vielfach Erscheinungen, die auf ein globales Vorgehen bei der Informationsaufnahme schließen lassen (unterschiedliche Dimensionswiedergabe zweier gleicher Bestandteile in verschiedenen Gesamtkonfigurationen, gehäufte Wiedergabe eines korrekten Bestandteiles als "falsche" Teilfigur).

Fast alle Vpn orientieren sich in ihrer Reaktionsweise an den Möglichkeiten des zur Reproduktion verwendeten Aktivitätsbereiches; in keinem Falle wird auf die Widersprüchlichkeit der Tiefenschlüssel per se im Informationsträger hingewiesen. Hier scheinen die Grenzen sowohl der verbalen als auch der konzeptionellen Fähigkeiten bei Kindern dieses Alters erreicht zu sein.

4.3 Aktivitätsbereich Plättchenmaterial

Rekonstruktionen mit dem Plättchenmaterial wurden in insgesamt fünf Phasen durchgeführt:

1. Nachlegen eines einzelnen konkreten Würfels mit einem Plättchen zu Beginn von US 2
   (W ⟶ P)
2. Nachlegen zeichnerisch dargestellter Würfelgebilde in US 2
   (Z ⟶ P)
3. Nachbauen mit konkreten Würfeln und anschließendes Nachlegen mit Plättchen zeichnerisch vorgegebener Würfelfiguren in US 3
   (Z ⟶ W ⟶ P)
4. Nachlegen von Würfelzeichnungen und anschließendes Nachbauen der Plättchenfiguren mit konkreten Würfeln in US 3 und 4
   (Z ⟶ P
   P ⟶ W)
5. Nachlegen konkreter Würfelkonfigurationen in US 4 und 5
   (W ⟶ P)

Entsprechend der Gliederung von 4.2 werden zunächst die Ergebnisse bezüglich der Phasen dargestellt, in denen Würfelzeichnungen die Vorlage bilden (2., 3. und 4.) und anschließend die Reproduktionen konkreter Würfelgebilde behandelt (5.). Vorgezogen in 4.3.1 werden die Ergebnisse bezüglich der ersten Plättchenaktivität, die Hinweise auf Perspektivenbevorzugungen vor Beginn der Plättchenreproduktionen von Würfelkonfigurationen geben.

4.3.1 Rekonstruktion von Würfelzeichnungen

Die insgesamt 12 Würfelgebilde, die als zeichnerische Vorlage von den Vpn mit Plättchen zu rekonstruieren waren, sind in Abb. 48 dargestellt. Die Anordnung entspricht nicht genau der zeitlichen Reihenfolge, in der die Aufgaben gegeben wurden (vgl. 3.3., S. 32 ff); statt dessen erfolgt eine Strukturierung hinsichtlich der Anzahl der beteiligten Würfel sowie der Dimensionsausrichtung.

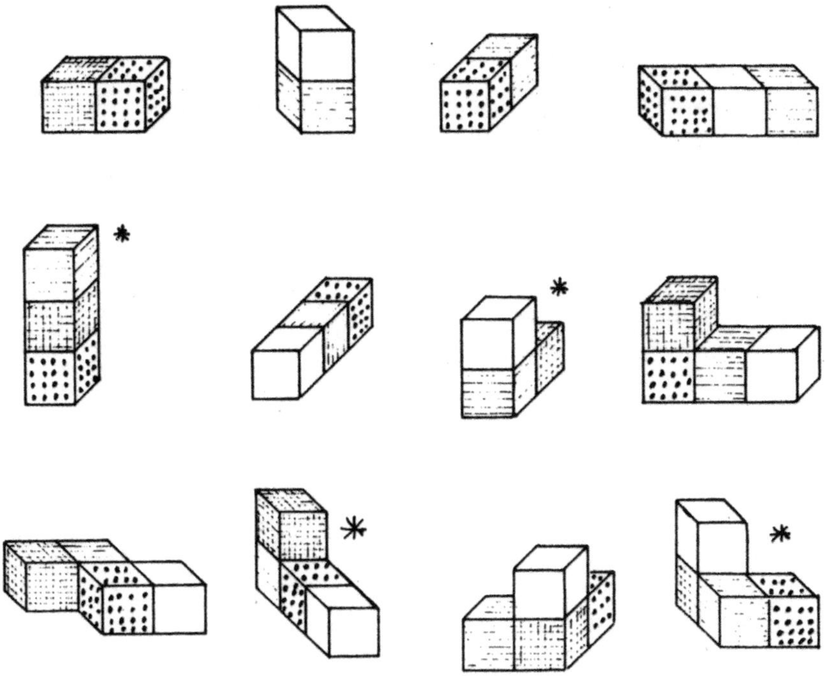

Abb. 48: Aufgaben des Typs Z ⟶ P[20)]

a) Quantitative Analyse

Die quantitative Auswertung bezieht sich auf 10 Variable, die sich in die Kategorien Endproduktvariable und Prozeßvariable einordnen lassen (vgl. 3.6, S. 48 f). Im folgenden werden die Ergebnisse bezüglich einzelner dieser Aspekte dargestellt und analysiert, sowie die Auswirkungen der (bei den ersten vier Gebilden von Abb. 48) gegebenen Hilfestellungen untersucht (vgl. 3.3, S. 30).

a_1) Endproduktanalyse

Leistung

Eine Bewertung der Rekonstruktionsleistungen erfolgte anhand der Fotografien im Anschluß an die Untersuchung. Um eine gegenüber der richtig-falsch-Bewertung differenziertere Beurteilung zu erhalten, wurden den Reproduktionen mittels eines vorher detailliert festgelegten Kriterienkatalogs Punktwerte zwischen 0 und 4 zugeordnet (Rating). Dieses Bewertungsverfahren erwies sich in einem Kontrollversuch (unabhängige Beurteilung einer Stichprobe durch zwei Personen) als weitgehend objektiviert, d.h. unabhängig von der Person des Beurteilers.

In Abb. 49 sind zu jeder erreichbaren Punktzahl einige charakteristische Rekonstruktionen dreier Würfelfiguren aus zwei, drei bzw. vier Elementen aufgeführt.[21)]

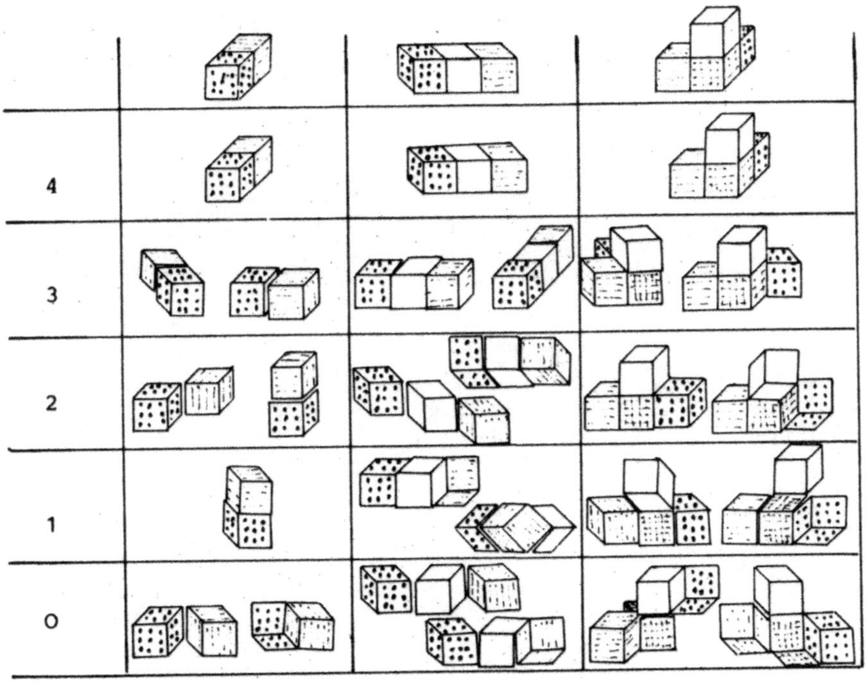

Abb. 49: Beispiele für die Leistungsbewertung von Rekonstruktionen bei den Würfelkonfigurationen:

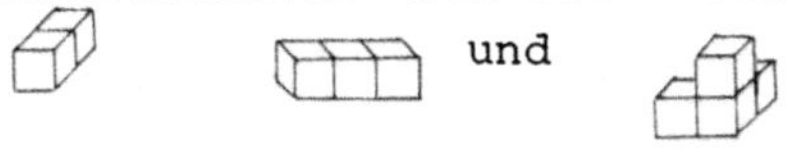

Die Ergebnisse der Leistungsbewertung zeigt Abb. 50. Da die Bewertungskriterien von der Anzahl der beteiligten Würfel abhängig sind (vgl. Abb. 49), lassen die in Abb. 50 angegebenen Mittelwerte einen sinnvollen Vergleich nur zwischen Würfelkonfigurationen mit gleicher Würfelzahl zu; der Anteil der korrekten Lösungen (ebenfalls in Abb. 50 dargestellt) ist hingegen mit leichten Einschränkungen über sämtliche Aufgaben hinweg vergleichbar.[22] Die unter den Würfelzeichnungen eingetragenen Zahlen geben die zeitliche Reihenfolge der Aufgaben an.

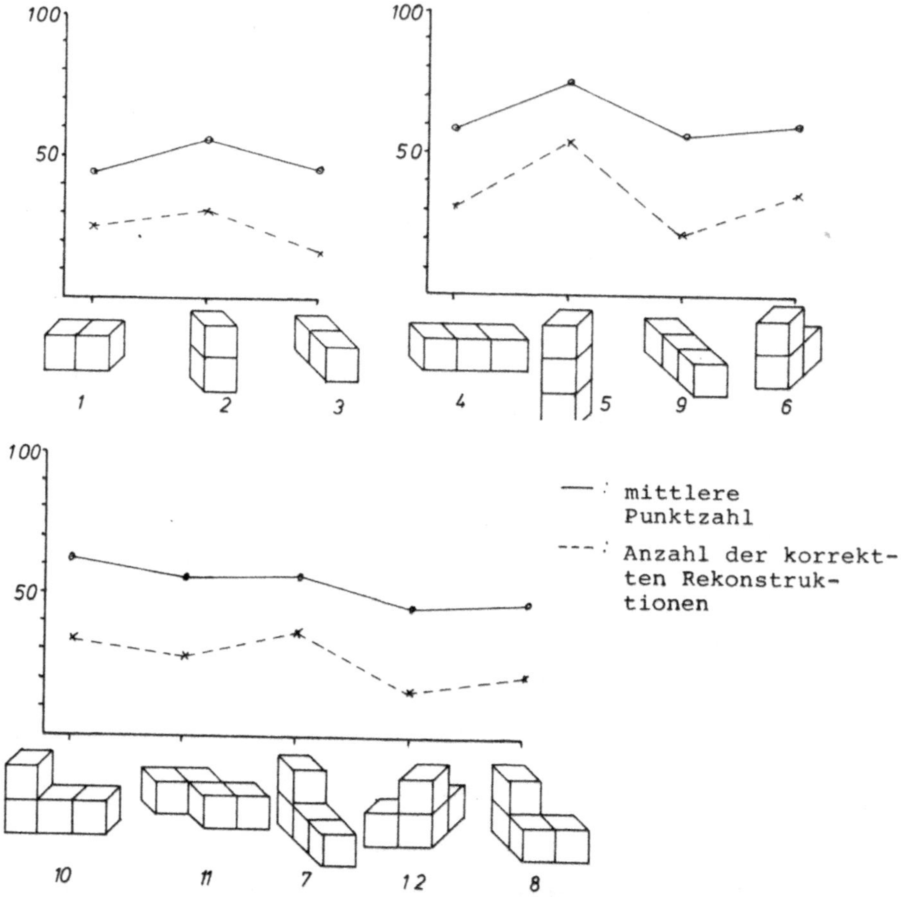

Abb. 50[23]: Leistungsbewertung bei den Aufgaben des Typs Z ⟶ P (Angaben in %)

Eine Analyse von Abb. 50 ergibt:

1. Die Aufgaben sind in ihrem Anspruchsgrad angemessen. Der Anteil der korrekten Reproduktionen liegt bei den einzelnen Würfelkonfigurationen zwischen 16 % und 53 %, die mittleren Punktzahlen schwanken um 50 % der erreichbaren Werte. Unter dem Aspekt der Leistungsdifferenzierung stellt demnach das Plättchenmaterial in Verbindung mit den hier konkretisierten Aufgabenstellungen einen für Untersuchungszwecke in der Altersstufe der 6 - 8jährigen gut geeigneten Aktivitätsbereich dar.

2. Der Schwierigkeitsgrad der Aufgaben - gemessen durch den Anteil der korrekten Lösungen - liegt bei den Würfelgebilden aus drei Würfeln mit durchschnittlich 35 % höher als bei den zweielementigen (im Mittel 24 %) und den vierelementigen (im Mittel 27 %) Konfigurationen. Diese Zahlen weisen auf deutliche "Schulungseffekte" in der ersten Phase der Aktivitäten mit dem Plättchenmaterial hin, die in erster Linie auf eine durch die dort gegebenen Hilfestellungen unterstützte allmähliche Gewöhnung an das Material zurückzuführen sein dürften (vgl. S. 102 ff). Inwieweit die Anzahl der beteiligten Würfel den Anspruchsgrad der Aufgaben beeinflußt, kann daher anhand dieser Ergebnisse kaum beurteilt werden.

3. Aus den in 2. genannten Gründen können auch Aussagen über den Einfluß der Dimensionen, die als Baurichtung in den vorgegebenen Würfelgebilden auftreten, auf den Schwierigkeitsgrad nur unter Vorbehalt getroffen werden. Tendenziell deuten die Zahlenwerte in Abb. 50 an, daß
   - Rekonstruktionen in die Höhendimensiom am einfachsten, in die Tiefendimension am schwierigsten sind (Vergleich der sechs eindimensional ausgerichteten Würfelfiguren unter Berücksichtigung der zeitlichen Reihenfolge)
   - die Würfelkonfigurationen, bei denen alle drei Dimensionen als Baurichtung beteiligt sind, von allen Aufgaben den größten Anspruchsgrad besitzen.

Weitergehende Informationen über den Hintergrund von Fehlleistungen liefert die Analyse der folgenden Endproduktvariablen.

Perspektive

Hier stellen sich vor allem zwei Fragen.

Frage 1: Welche perspektivische(n) Ausrichtung(en) wird (werden) von den Vpn bei ihren Rekonstruktionen bevorzugt?

Frage 2: Inwieweit wird die Perspektive, die in der zeichnerischen Vorlage gegeben ist, bei den Reproduktionen beibehalten?

zu Frage 1:

Aufschlußreich erweist sich vor allem die Rekonstruktion eines einzelnen konkreten Würfels zu Beginn der Arbeitsphasen mit dem Plättchenmaterial (Tab. 5).

Tab. 5: Häufigkeitsverteilung der Lage des Plättchens bei der Rekonstruktion eines konkreten Würfels (W ⟶ P, US 2)

Lage des Plättchens	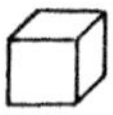			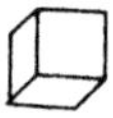			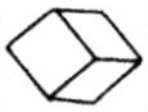	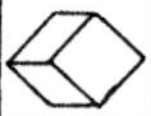
absolute Häufigkeit	24	24	3	2	2	0	1	0

Danach zeigen sich die kavalierperspektivischen Darstellungsformen gegenüber allen anderen möglichen Lagen, insbesondere auch der Vogelperspektive, hochsignifikant überlegen[24), jedoch wird bemerkenswerterweise keine der beiden kavalierperspektivischen Lagen bevorzugt.

Das letzte Ergebnis wird bei einer Betrachtung der Rekonstruktionsleistungen zeichnerisch vorgegebener Würfelgebilde bestätigt: 38 % aller bei den Aufgaben dieses Typs benutzten Plättchen wurden in der 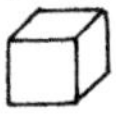-Perspektive, 34 % in der 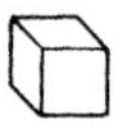-Perspektive gelegt. Einschränkend muß natürlich berücksichtigt werden, daß die Vorlagen im Wechsel jeweils nur diese beiden Perspektiven aufweisen.

Auf die Frage der Perspektivenbevorzugung und -fixierung wird bei der Analyse der Rekonstruktionen konkreter Würfelfiguren erneut eingegangen (vgl. 4.3.2).

zu Frage 2:

In Abb. 51 sind die Häufigkeiten angegeben, mit denen zu den verschiedenen Würfelzeichnungen Rekonstruktionen in einer insgesamt einheitlichen Perspektive sowie speziell in den beiden Kavalierperspektiven erfolgten.

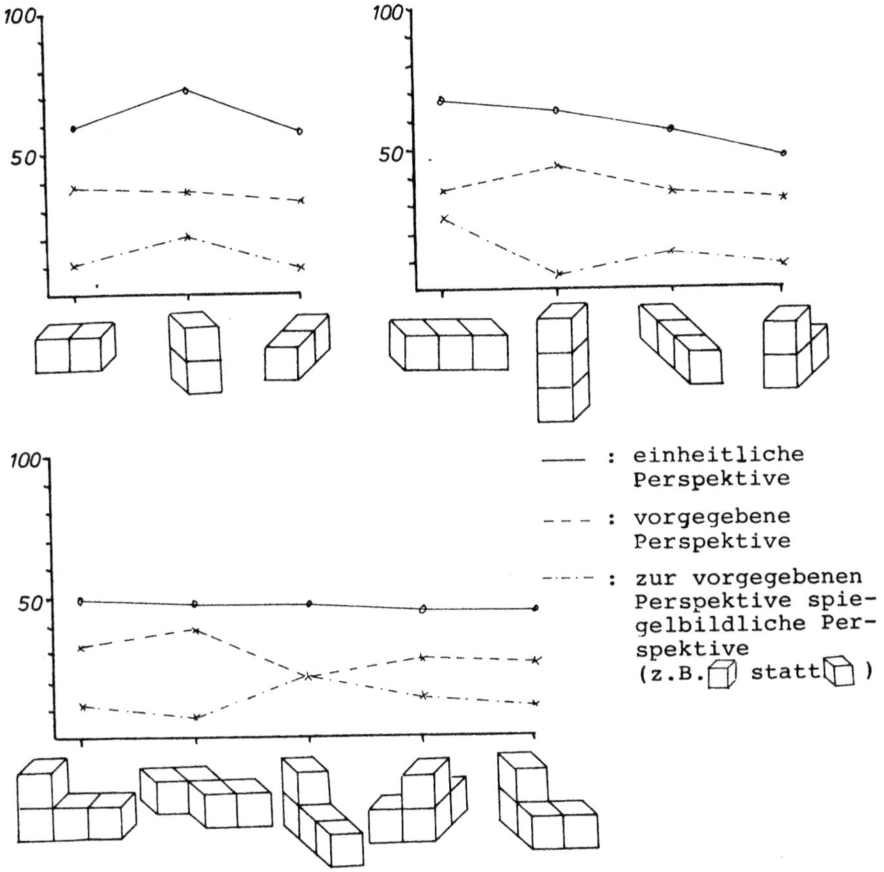

Abb. 51: Anteil der Rekonstruktionen bei den Aufgaben des Typs Z ⟶ P, bei denen die beteiligten Plättchen in jeweils gleicher (speziell kavalier-) perspektivischer Lage liegen (Angaben in %)

Insgesamt weisen 54 % aller Rekonstruktionen eine einheitliche Perspektive auf; mehr als die Hälfte der Schüler sind demnach in der Lage, Plättchen in sich konsistent auszurichten. Annähernd zwei Drittel dieser Kinder berücksichtigen darüber hinaus die zeichnerisch vorgegebene Perspektive. Diese bei fast allen Aufgaben deutlich erkennbare Fixierung an den in der Vorlage verwendeten Blickwinkel erscheint allerdings nicht überraschend, da allein eine solche Wiedergabe eine dem Informationsträger voll entsprechende Darstellung liefert. Sie liegt sowohl bei einer "ebenen" (nur topologische und euklidische Merkmale berücksichtigenden) als auch einer "räumlichen" (sich an projektiven Beziehungen orientierenden) Rekonstruktionsstrategie nahe.

Dimension

Abb. 52 zeigt die Resultate zur Rolle der Dimensionsausrichtung. Dort ist für jede der drei Dimensionen - soweit sie als Baurichtung auftreten - der Anteil der Rekonstruktionen aufgeführt, bei denen

- der Teil der Figur, der die jeweilige Dimension repräsentiert, korrekt wiedergegeben wird
- eine (korrekt durchgeführte) Verlagerung in eine andere Dimension erfolgt (z.B. 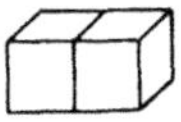 statt 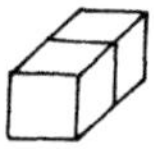 oder 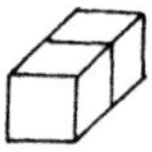 statt 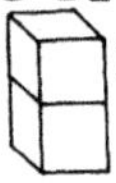).

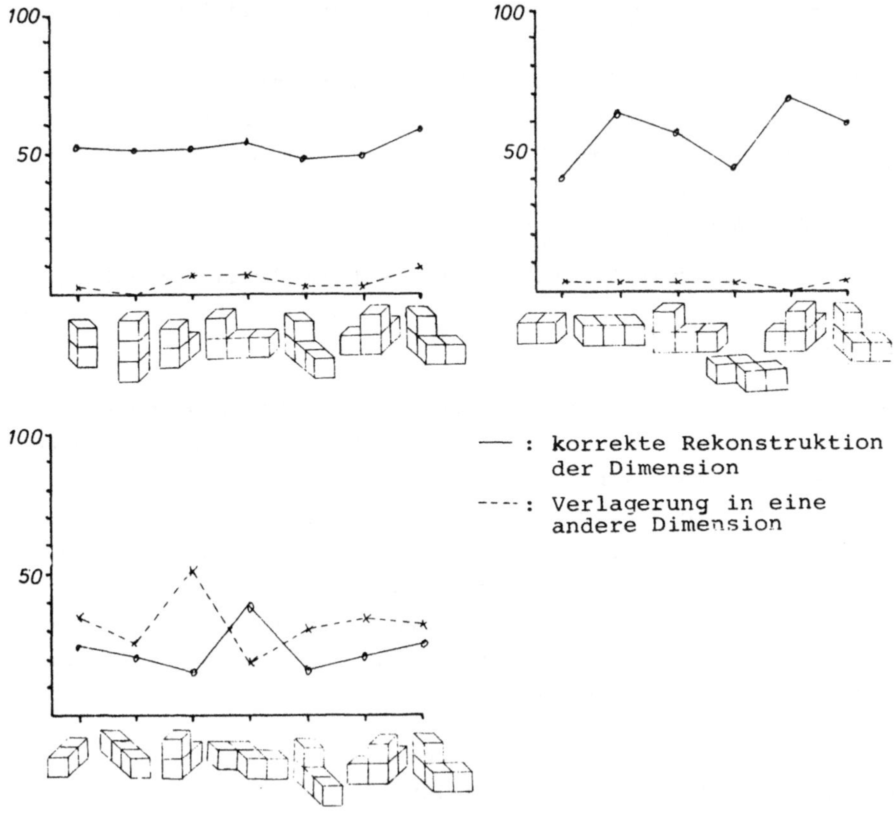

Abb. 52: Anzahl der Rekonstruktionen, bei denen die jeweils beteiligten Dimensionen korrekt (unter Verlagerung in eine andere Dimension) wiedergegeben werden (Anteil in %)

Ein Vergleich der drei Dimensionen weist auf ein klar erkennbares Phänomen hin: Die Tiefe wird in fast allen Aufgaben häufiger in der Höhen- bzw. Breitendimension als in der ursprünglichen Dimension selbst wiedergegeben. Bei Breite und Höhe tritt dagegen eine Verlagerung in eine andere Dimension kaum auf.

Eine Analyse der einzelnen Aufgaben zeigt, daß Tiefenverlagerungen

- bei den Würfelgebilden, in denen als Baurichtung nur Tiefe und Höhe bzw. Tiefe, Höhe und Breite beteiligt sind, fast ausschließlich in die Breitendimension vorgenommen werden (83 % bzw. 91 %)
- bei der Vorlage  (Tiefe und Breite) durchweg in die Höhendimension erfolgen (90 %). Hier wird die Tiefendimension von allen Aufgaben am häufigsten beibehalten.

Demnach besteht bei den Vpn eine weitaus stärkere Tendenz, die Tiefe in der Breiten- als in der Höhendimension wiederzugeben. So dominiert in allen Fällen, in denen die Höhendimension "besetzt" ist, die Verlagerung in die Breite, unabhängig davon, ob die jeweilige Würfelfigur in ihrer Substanz oder nur in ihrer Lage verändert wird. Eine Verlagerung der Tiefe in die Höhe findet im wesentlichen nur dann statt, wenn eine Breitenwiedergabe die zweidimensionale Ausrichtung der Konfiguration (Breite und Tiefe) zerstören würde.

Zwei mögliche Ursachen für die bei der Tiefenreproduktion verstärkt auftretenden Probleme seien erwähnt.

1. Beim Reproduzieren hintereinander liegender Würfel mit Plättchen müssen größere Teile der Plättchen abgedeckt werden als bei der Wiedergabe nebeneinander oder übereinander liegender Würfel. Der Plättchenanteil, der zu überdecken ist, stellt darüber hinaus den für die Kinder dieses Alters "wesentlichen" Teil des Würfels dar (vgl. 2.2.2 und 4.4). Eine Begründung für die Schwierigkeiten bei der Tiefenreproduktion könnte daher in dem Bestreben der Vpn liegen, möglichst viel von der Substanz des Würfels visuell zu erhalten.

2. Die korrekte Zusammensetzung zweier Plättchen im Sinne einer Tiefenreproduktion beinhaltet eine konsistente Koordinierung der Tiefenschlüssel in Form einer geradlinigen Verlängerung der Schräglinien, die in dieser Weise bei Höhen- und Breitenkonstruktionen nicht erforderlich ist. Unter diesem Aspekt können die (insgesamt 23 %) korrekten Tiefenwiedergaben dahingehend interpretiert werden, daß bereits 6 - 8jährige

Kinder zu einer ansatzweise konstruktiven Bewältigung des Tiefenkonzeptes in der Lage sind.

Aussagen darüber, welcher der beiden Begründungsversuche angemessener ist, können hier nicht getroffen werden; auf diese Problematik wird in der qualitativen Analyse erneut eingegangen.

Überdecken von Plättchen
Hinter dieser Bezeichnung verbergen sich zwei Fragenkomplexe.

Frage 1: In welcher Art und Weise - wenn überhaupt - werden die Plättchen von den Vpn übereinandergelegt?

Frage 2: Spielt der Überdeckungsgrad in der Vorlage bei den Rekonstruktionen eine Rolle?

zu Frage 1:
Reproduktionen, bei denen kein Plättchen ein anderes überdeckt, werden bei den ersten beiden Aufgaben noch von fast jedem Schüler vorgenommen[25] (im Mittel 31 %), bilden dagegen bei den weiteren Würfelfiguren die Ausnahme (durchschnittlich 6 %). Die Vpn, die Überdeckungen durchführen, sind überwiegend bestrebt, vollständige Teilflächen (Seitenflächen des Würfels) abzudecken (z.B. ); nur 7 % der Überdeckungen erfolgen entweder nur andeutungsweise (z.B. ) oder unsystematisch (z.B. ).

Auf weitergehende Erläuterungen zu diesen Resultaten wird hier verzichtet, da auf die beiden wesentlichen Aspekte noch an anderer Stelle eingegangen wird, nämlich
- auf die anfängliche Barriere beim Überdecken auf S.102 und auf S. 105ff
- auf die seltenen Fälle, in denen auch später keine "sinnvolle" Überdeckung durchgeführt wird, auf S. 105ff.

zu Frage 2:
Auch die Resultate zu diesem Aspekt sollen nur in ihrer Tendenz dargestellt werden.

Bei allen Aufgaben werden die Plättchen, die nach zeichnerischer Vorlage nicht bedeckt werden dürfen, in deutlich stärkerem Maße voll sichtbar gelegt als die anderen beteiligten Würfelplättchen.

Allgemein hängt der Anteil der vom "Sichtbarkeitsgrad" (bezüglich der Zeichenvorlage) her korrekten Reproduktionen von der Position des jeweiligen Würfels in der Konfiguration ab. So wird z.B. bei der Rekonstruktion der Vorlage

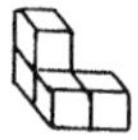

das gelbe Plättchen (oben) von 83 %, das blaue (vorne links) dagegen nur von 53 % der Vpn so gelegt, daß alle drei Teilflächen sichtbar sind. Es zeigt sich, daß Plättchen, die in Extrempositionen (am Rand der Figur) angeordnet sind, weitaus weniger überdeckt werden als andere; ein Ergebnis, welches bereits deshalb zu erwarten ist, weil für diese Plättchen weniger Möglichkeiten zu Überdeckungen bestehen.

a_2) <u>Prozeßanalyse</u>

<u>Rekonstruktionsstrategien</u>

Aufschlüsse über eventuell vorherrschende Strategien bei den Rekonstruktionen im Aktivitätsbereich Plättchenmaterial sind von einer Analyse der beiden Prozeßvariablen Anfangsplättchen und Reihenfolge zu erwarten.

Die Ergebnisse bezüglich dieser beiden Aspekte enthält Abb. 53. Aus ihr ist zu den verschiedenen Aufgaben des Typs Z ⟶ P zu entnehmen:

1. das Plättchen, mit dem bei der Reproduktion jeweils am häufigsten begonnen wurde (Kennzeichnung durch  in der entsprechenden Zeichnung)
2. die Reihenfolge, die bei der Wiedergabe dominiert (Kennzeichnung durch Pfeile unterhalb der jeweiligen Zeichnung)
3. die Häufigkeiten, mit denen die bevorzugten Anfangsplättchen bzw. Reihenfolge gewählt wurden (prozentualer Anteil).

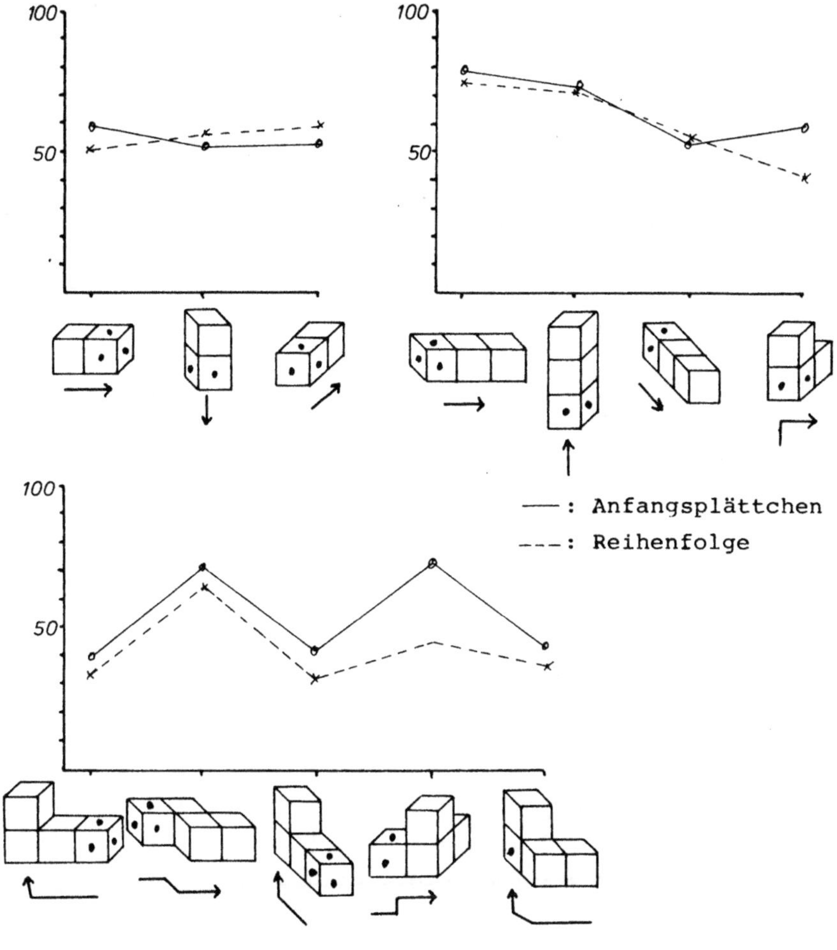

Abb. 53: Häufigkeiten, mit denen das bevorzugte Anfangsplättchen bzw. die bevorzugte Reihenfolge bei den Rekonstruktionen des Typs Z ⟶ P gewählt wurden (Anteil in %)

Abb. 53 zeigt:

1. Bei den ersten drei Aufgaben ist keine Bevorzugung einer Rekonstruktionsstrategie erkennbar, dagegen treten bei fast allen späteren Aufgaben eindeutige Bevorzugungen auf. Die Vermutung, daß diese Erscheinung auf die erst allmähliche Gewöhnung an das Arbeitsmaterial zurückzuführen ist, kann hier nicht belegt werden, sie wird jedoch durch die Ergebnisse von 4.3.2 (Reproduktion des konkret vorgegebenen Turmes aus zwei Würfeln) gestützt.

2. Die bei der Wahl sowohl des erstgelegten Plättchens als auch der endgültigen Reihenfolge festzustellenden Dominanzen lassen sich kaum durch einen einzelnen übergeordneten Gesichtspunkt erklären, sondern deuten auf mehrere, sich teilweise überlagernde Tendenzen hin.

   a) "Baustrategie": Darunter ist die Neigung der Vpn zu verstehen, analog zur beim Umgang mit konkreten Würfeln vorgeschriebenen Reihenfolge von unten nach oben zu rekonstruieren. Insgesamt wurden bei den Konfigurationen mit Höhenausrichtung 82 % der Reproduktionen in einer im Medium der konkreten Würfel möglichen Bauweise durchgeführt.

   b) "Schreibstrategie": Sie charakterisiert die Vorgehensweise, entsprechend der Schreibrichtung von links nach rechts zu reproduzieren. Diese Strategie dominiert bei den Vorlagen 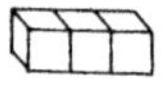 , 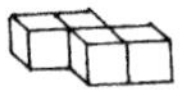 und 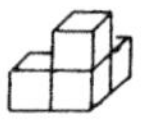 .

   c) "Strategie des einfachsten Plättchens": Damit ist die Tendenz angesprochen, mit der Rekonstruktion an der einfachsten Stelle zu beginnen, die vor allem bei Konfigurationen mit einer ausgeprägten Baurichtung festzustellen ist, so bei den Vorlagen  und  .

Ein Vergleich der Strategien in den Aktivitätsbereichen Plättchenmaterial und konkrete Würfel, der bei den in Abb. 48 mit * gekennzeichneten Vorlagen unmittelbar möglich ist, ergibt überaus starke Übereinstimmungen. Bei allen vier Aufgaben dominieren die beiden Vorgehensweisen, die bei der Reproduktion mit konkreten Würfeln am häufigsten verwendet wurden, auch bei der

Plättchenwiedergabe, wobei sogar die Rangfolge jeweils genau übereinstimmt. Diese Analogien deuten darauf hin, daß die Kriterien, nach denen Rekonstruktionen mit Plättchen durchgeführt werden, sich nicht wesentlich von denen unterscheiden, welche die bei Reproduktionen mit konkreten Würfeln gewählte Reihenfolge bestimmen.

Häufigkeit der Plättchenbenutzung

Ein weiterer in die quantitative Auswertung eingegangener Aspekt bildet die Häufigkeit, mit der von den Vpn die einzelnen Plättchen bei jeder Rekonstruktionsaufgabe gelegt wurden. Diese Zahlen sollten Aufschluß darüber geben, an welchen Stellen innerhalb einer Würfelkonfiguration bei der Rekonstruktion die größten Probleme bestehen (d.h. die meisten Korrekturen und Ansätze vorgenommen werden).

Die Ergebnisse sind recht eindeutig und lassen sich wie folgt zusammenfassen.

Die Unterschiede in den Häufigkeiten, mit denen die jeweils beteiligten Plättchen gelegt wurden, sind sehr gering; die Abweichung von der (bei Gleichverteilung) zu erwartenden Häufigkeit beträgt maximal 3 %.

Als erklärendes Moment für die Unergiebigkeit dieser Daten kommen mehrere Gesichtspunkte in Betracht.

1. Die Hauptschwierigkeiten können bei verschiedenen Vpn (möglicherweise in Abhängigkeit von der jeweils gewählten Reproduktionsstrategie) an unterschiedlichen Stellen innerhalb der Würfelvorlage auftreten. In diesem Falle würden die individuell bestehenden Unterschiede sich gegenseitig überlagern und ausgleichen.

2. Obiges Resultat könnte auf eine globale Vorgehensweise der Vpn bei der Wiedergabe hinweisen, die darin besteht, daß Korrekturen nicht detailliert an der betreffenden Stelle, sondern unter Zerstörung der gesamten bereits gelegten Konfiguration erfolgen.

   Eine derartige, in Einzelfällen häufig beobachtete Erscheinung kann sowohl technischer Art (Handhabung des Plättchenmaterials) als auch substantieller Natur sein (eher globales als analytisches Vorgehen bei Kindern dieses Alters, vgl. 2.1).

Intensität des Blickkontaktes zum Informationsträger

Bei dieser Prozeßkomponente interessieren vor allem die beiden folgenden Fragen.

Frage 1: Bestehen Zusammenhänge zwischen der Intensität der visuellen Informationsaufnahme und den Rekonstruktionsleistungen (dem Leistungsvermögen) der Schüler?

Frage 2: Lassen sich bei den Aufgaben, in denen sowohl Würfelzeichnungen als auch konkrete Würfelgebilde als Informationsträger zur Verfügung stehen, Bevorzugungen einer der beiden Vorlagen feststellen? Weist die "Wahl" der Vorlage durch die Vp Zusammenhänge mit der erzielten Rekonstruktionsleistung auf?

zu Frage 1:
Die Anwendung des χ^2-Tests ergibt[26)]:

1. Es besteht keine signifikante Beziehung zwischen der Intensität des Blickkontaktes zur Vorlage (gemessen auf einer dreistufigen (Ordinalskala) und der entsprechenden Leistungsbewertung).

2. Es gibt keine signifikanten Unterschiede zwischen den Extremgruppen (nach Vortest) hinsichtlich der Intensität der visuellen Informationsaufnahme.

Die ermittelten geringen χ^2-Werte lassen vermuten, daß die hier betrachtete Prozeßvariable weitgehend unabhängig von der Leistungskomponente ist, insbesondere also eine enge Anlehnung an die (zeichnerische) Vorlage nicht mit einer erhöhten Erfolgsquote einhergeht.

zu Frage 2:
In Abb. 54 ist der Anteil der Vpn dargestellt, die sich bei der Informationsaufnahme auf jeweils eine der beiden zur Verfügung stehenden Vorlagen stärker konzentrieren.

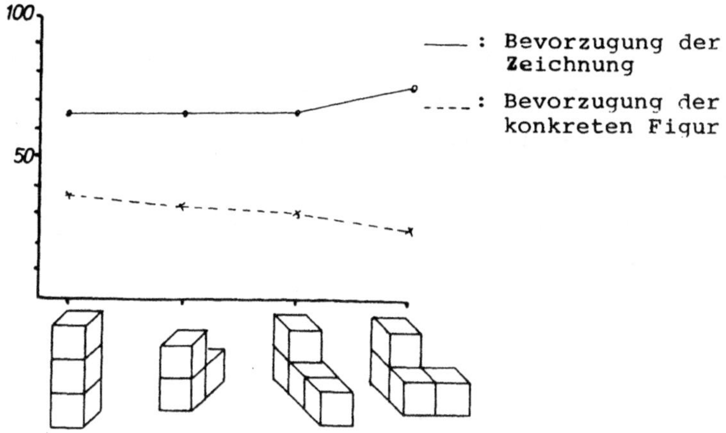

Abb. 54: Anteil der Vpn, die bei der Informationsaufnahme Zeichnung bzw. konkrete Würfelgebilde bevorzugen (Angaben in %)

Es zeigt sich eine hochsignifikante Bevorzugung der Zeichenvorlage[27], die insofern nicht überrascht, als dieser Informationsträger die dem Aktivitätsbereich adäquateren Informationen liefert und eine unmittelbare visuelle Kontrolle ermöglicht.

Darüber hinaus ergibt sich ein (bezogen auf alle vier Aufgaben) statistisch signifikanter Zusammenhang zwischen der Bevorzugung des Informationsträgers und der erzielten Leistung[28]. Vor allem bei den Vorlagen

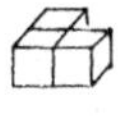 , 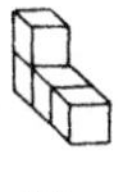 und 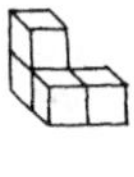

weisen Vpn, die sich stärker an die Zeichnung orientieren, deutlich bessere Ergebnisse auf als die, welche die konkrete Figur bevorzugen. Die Ursachen für diese Erscheinung können hier nicht geklärt werden; so findet sich die an dieser Stelle naheliegende Vermutung, daß die Struktur des Informationsträgers die Reproduktionsleistungen maßgeblich beeinflußt, in 4.3.2 nicht unbedingt bestätigt.

Zeit

Eine Analyse der für den ersten Rekonstruktionsansatz jeweils benötigten Zeit erweist sich als wenig ergiebig, da

1. weit mehr als die Hälfte aller Reproduktionen innerhalb einer Minute erfolgten und
2. keine systematischen Zusammenhänge zu anderen Komponenten feststellbar sind.

Auf weitere Ausführungen zu diesem Aspekt wird daher verzichtet.

a_3) Einfluß der Hilfestellungen

Normierte Hilfestellungen wurden nur in der ersten Phase der Aktivitäten mit dem Plättchenmaterial gegeben (Z ⟶P, US 2), im einzelnen

H_1: verbaler Hinweis: "Legt die Plättchen etwas übereinander!" (bei der einführenden Aufgabe)

H_2: Zeigen einer korrekten Lösung (bei allen vier Aufgagen dieser Phase)

Auswirkungen von Hilfe 1

Tab. 6 zeigt die Leistungsbewertung bei der einführenden Aufgabe vor und nach der ersten Hilfe.

Tab. 6: Leistungsbewertung der Rekonstruktion der Vorlage 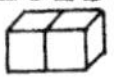 vor und nach H_1 (absolute Häufigkeit)

	0	1	2	3	4
vor H_1	39	2	9	2	4
nach H_1	23	2	11	6	14

Es ergibt sich eine statistisch signifikante Verbesserung der Leistungen[29], die allein auf den "technischen" Hinweis, die Plättchen zu überdecken, zurückzuführen ist. So gelangen nur 13 % der Vpn ohne jegliche Hilfe zu einer Rekonstruktion, bei der die Plättchen teilweise übereinander liegen, und selbst nach Hilfe 1 legen noch 34 % der Schüler die Plättchen nebeneinander. Diese Zahlen zeigen, daß die Technik, die mit einer adäquaten Handhabung der Plättchen verbunden ist, derart ungewohnt ist, daß die Einführung dieses Materials eine massive äußere Unterstützung erfordert.

Auswirkungen von Hilfe 2

In Abb. 55 sind die vor und nach der zweiten Hilfe bei den einzelnen Aufgaben erreichten mittleren Punktwerte dargestellt.

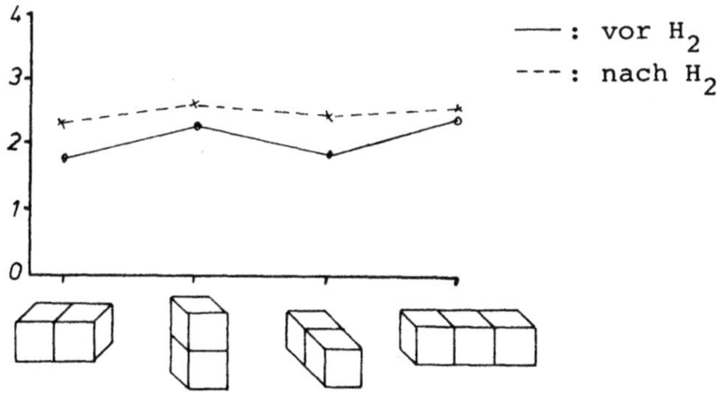

Abb. 55: mittlere Punktzahlen bei den Aufgaben der Phase Z⟶P (in US 2) vor und nach Hilfe 2

Bei allen Reproduktionen sind Leistungsverbesserungen feststellbar; diese erweisen sich nach dem Wilcoxon-Test bezüglich der Gesamtheit der Aufgaben als signifikant.[30)]

Zur Klärung der Frage, worin die durch das Zeigen einer korrekten Plättchenfigur bedingten Veränderungen in den Rekonstruktionen in erster Linie bestehen, trägt eine Analyse der anderen erhobenen Endproduktvariablen bei.

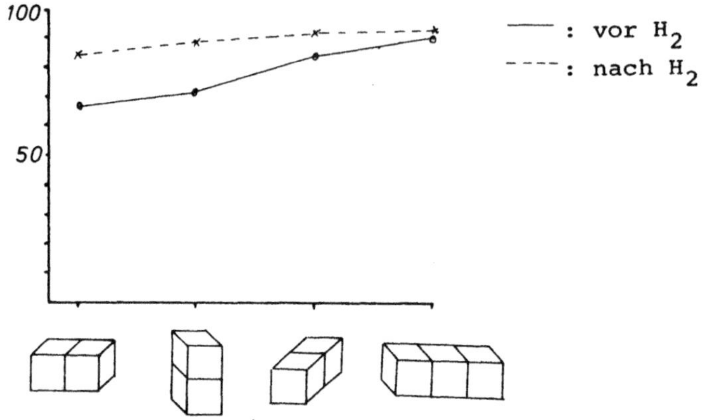

Abb. 56: Anteil der Rekonstruktionen mit Überdeckungen der beteiligten Plättchen bei den Aufgaben der Phase Z ⟶ P (in US 2) vor und nach Hilfe 2 (Angaben in %)

Wie aus Abb. 56 hervorgeht, bewirkt Hilfe 2 einen gegenüber der ersten Hilfe weiteren Zuwachs an Rekonstruktionen mit Plättchenüberdeckungen. Bemerkenswert erscheint, daß

1. dieser Effekt erst nach und nach (vierte Aufgabe) verschwindet, für mehrere Vpn demzufolge das einmalige Sehen und Durchführen des Überdeckungsprinzips für eine Übertragung auf ähnliche Situationen nicht ausreichend, sondern eine längere Gewöhnungsphase erforderlich ist und

2. bei jeweils über 10 % der Rekonstruktionen auch nach H_2 keine Überdeckungen vorgenommen werden, obwohl diese Technik aus der Plättchenvorlage unmittelbar zu entnehmen ist. Derartige Erscheinungen könnten darin begründet liegen, daß manche Kinder mit den Plättchen, die sowohl eine gegenständliche als auch eine bildhafte Funktion tragen, allein in der Eigenschaft als konkretes Material operieren, sie vielleicht sogar als "Würfel" (nicht als Würfelbilder im projektiven Sinne) auffassen, bei denen Überdeckungen zu einer Zerstörung der "Substanz" führen würden.

Kaum einen Einfluß hat das Vorlegen einer korrekten Plättchenfigur dagegen auf die perspektivische Ausrichtung der einzelnen Plättchen; so steigt der Anteil der perspektivisch korrekten Reproduktionen nur um etwa 5 %.

Hinsichtlich der Dimensionsausrichtung ist nur bei der Vorlage  eine deutliche Tendenz feststellbar: Der Anteil der korrekten Tiefenrekonstruktionen steigt von 21 % auf 55 %, während sich die Anzahl der Verlagerungen in die Breite stark reduziert. Diese Erscheinung legt die Vermutung nahe, daß es Vpn gibt, die, bevor sie korrekte Lösungen gesehen haben, eine Tiefenreproduktion mit Hilfe des Plättchenmaterials für nicht möglich halten.

Das Phänomen der Verlagerungen der Tiefendimension wird in der qualitativen Analyse anhand von Einzelstudien erneut aufgegriffen.

b) <u>Qualitative Analyse</u>

Die qualitative Auswertung gliedert sich in zwei Teile.

Zunächst werden Verhaltensweisen der Vpn bei der Einführung des Plättchenmaterials dargestellt und diskutiert. Im anschließenden Teil werden typische (d.h. mehrfach auftretende und nicht an eine spezifische Würfelfigur gebundene) Vorgehensweisen und (Fehl-) Leistungen aufgeführt und interpretiert.

b_1) <u>Anfangsphase</u> (ein bzw. zwei Würfel)

Die Beispiele 30 bis 34 beziehen sich auf die erste Phase der Einführung. Die Vpn sollen einen (frontal vor ihnen stehenden) konkreten Würfel mit einem Plättchen nachlegen und die einander entsprechenden Flächen zuordnen (W ⟶ P, US 2).

<u>Beispiel 30:</u> Rainer meint auf die Frage, was das Plättchen darstellen soll: "Klötze". Er legt das Plättchen in die Lage: , äußert sich damit zufrieden und ordnet auch die Teilflächen korrekt zu.

<u>Beispiel 31:</u> Andreas legt auf die Aufforderung, das Plättchen genauso zu legen, wie er den Würfel sieht, das Plättchen in folgender Weise: 

Vl: "Liegt das Plättchen genauso wie der Würfel?"
An: "Uhm" (verneinend)
Vl: "Nein? Was ist denn anders?"
An: "Die Ecken"
Vl: "Die Ecken - Kannst du das genauso legen, das Plättchen? - Kannst du den Würfel denn genauso stellen wie das Plättchen?"
An: "Ja"

Er dreht den Würfel so, daß die rechte Seitenfläche für ihn sichtbar wird.[31)]

<u>Beispiel 32:</u> Thorsten bezeichnet das Plättchen als ein "gelbes Viereck". Er legt es 
und meint auf die Frage, warum auf dem Plättchen nicht beide "Seiten" zu sehen sind: "Weil's kein richtiges Viereck ist."

<u>Beispiel 33:</u> Jost meint auf die Frage, ob er das Plättchen genauso hinlegen kann, wie der Würfel vor ihm steht: "Das ist ein bißchen schwierig." Er stellt das Plättchen zunächst hochkant, dreht es, legt es  auf den Tisch, dreht es erneut, legt es  , beugt sich hinter den konkreten Würfel und vergleicht ihn mit dem Plättchen. Die Seitenflächen werden von ihm korrekt zugeordnet.

<u>Beispiel 34:</u> Thomas stellt sein Plättchen in der Lage  hochkant an den vor ihm stehenden Würfel.

Vl: "Kannst du das Plättchen auf den Tisch legen?"
Th: "Nein"
Vl: "Das geht nicht? Meinst du, der muß hoch stehen?"
Th: "Ja"

Er markiert die Teilflächen des Plättchens in folgender Weise:

Die Rekonstruktionsphase eines einzelnen konkreten Würfels erweist sich für eine qualitative Bewertung insofern als nicht sehr ergiebig, als die weitaus meisten Vpn (wie Rainer in Beispiel 30) ohne bedeutsame begleitende Äußerungen eine perspektivisch sinnvolle Lage wählen (vgl. S. 90).

Die Beispiele 30 bis 34 deuten jedoch auf einige grundlegende Aspekte beim Umgang mit dem Plättchenmaterial hin, auf die anhand der späteren Rekonstruktionen erneut eingegangen wird.

Dazu gehört

1. die Frage, inwieweit das (korrekte) Legen von Plättchen mit einer bewußten Beachtung der gewählten Perspektive (wie bei Andreas in Beispiel 31) verbunden ist

2. die Problematik, die der Verlust bestimmter Würfeleigenschaften beim Übergang zur ebenen Darstellung mit sich bringt (vgl. Beispiel 32, 34).

Mehr Anhaltspunkte für eine qualitative Interpretation als die Reproduktion eines einzelnen Würfels liefert die erste Aufgabe, in der von den Vpn eine Koordinierung zweier Plättchen verlangt wird (Abb. 57). Für die hier eingesetzten Hilfen werden in den anschließenden Beispielen 35 - 47 folgende Abkürzungen verwendet: (vgl. S. 33):

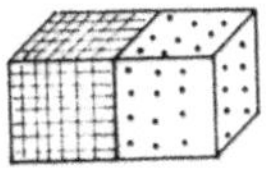

H1: verbaler Hinweis: "Legt die Plättchen übereinander!"

H2: Zeigen einer korrekten Lösung

Abb. 57[32)]

<u>Beispiel 35:</u> Birgit gelangt bei ihren Versuchen zu keiner Lösung, sie legt die Plättchen nach H1 wie in Abb. 58 und meint zu ihrer Figur: "Da oben, da ist es zu und bei uns da ist es oben auf." Auch nach H2 gelingt ihr keine bessere Lösung: "man muß da oben noch so ein Dreieck haben."

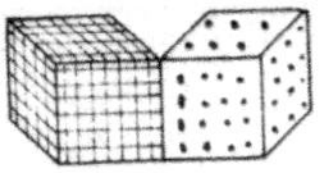

Abb. 58: Birgit

<u>Beispiel 36:</u> Ursula meint zu ihren intensiven Versuchen, durch Drehen beider Plättchen die korrekte Konstellation zu erlangen (Abb. 59a): "So geht's nicht zusammen." Sie kommt nach H1 und H2 trotz mehrerer Versuche zu keiner wesentlich anderen Lösung (Abb. 59 b): "Das muß eigentlich so." - "So ist es noch nicht übereinander. Da ist eine Lücke. Ich krieg' die Lücke da nicht zu." Sie glaubt, zu keiner korrekten Lösung kommen zu können.

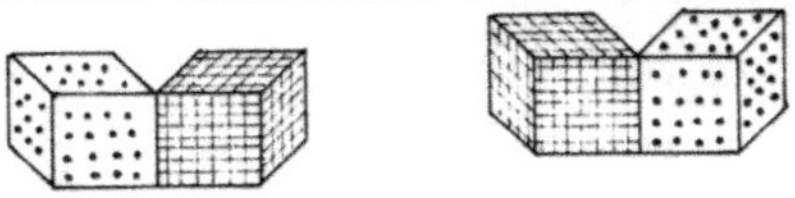

a) b)

Abb. 59: Ursula

<u>Beispiel 37:</u> Wolfgang legt nach häufigen Drehüngen die Plättchen wie in Abb. 60 a: "Ah, ja. Jetzt hab' ich. Hoffentlich ist es auch gerade. Paßt." Auf die Frage, ob es nicht besser geht, wenn man die Plättchen etwas übereinander legt, meint er: "Bei mir nicht." Während seiner vergeblichen Versuche nach H2, bei denen er die Plättchen jedoch nie überdeckt, äußert er: "Der rote ist schon mal gleich." - "Immer bleibt da eine Lücke. - Ich hab' ihn jetzt auch. Ach, jetzt bleibt immer noch eine Lücke."

Vl: "Wolfgang, du mußt die Plättchen etwas aufeinander legen"

Wo: "Aufeinander?" - "Kerl, das ist gar nicht so einfach. Der Würfel müßte doch passen. - Aber dann bleibt da eine Lücke. So."

Er dreht und legt auch jetzt die Plättchen ohne Erfolg nebeneinander (Abb. 60 b).

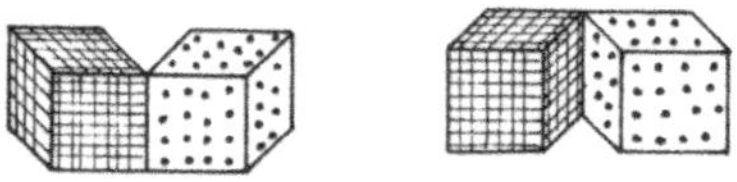

a) b)

Abb. 60: Wolfgang

<u>Beispiel 38:</u> Eva legt die Plättchen zunächst wie in Abb. 61 a und zeigt sich damit zufrieden. Nach H1 schiebt sie die Plättchen ein klein wenig übereinander und verändert diese Lage auch nach H2 nicht (Abb. 61 b).

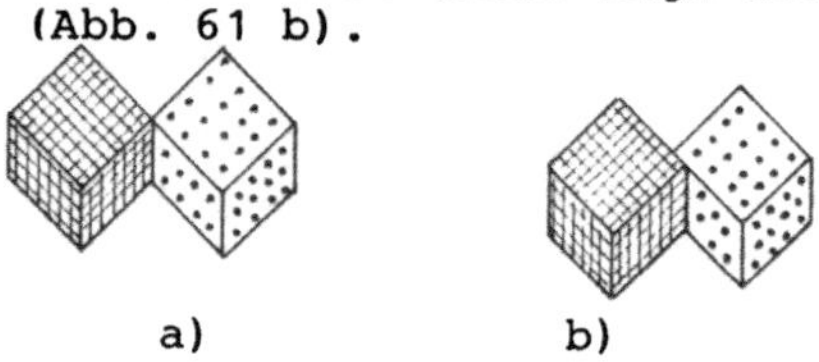

a) b)

Abb. 61: Eva

<u>Beispiel 39:</u> Bernd rekonstruiert die Vorlage wie in Abb. 62 a und meint, daß seine Figur wie die Zeichnung aussieht. Nach H1 zerstört er sie, legt die Plättchen wie in Abb. 62 b und äußert sich erneut zufrieden. Im Anschluß an H2 führt er mehrere neue Versuche durch, gelangt jedoch wieder zum gleichen Ergebnis und erklärt: "Der () kann gar nicht anders sein."

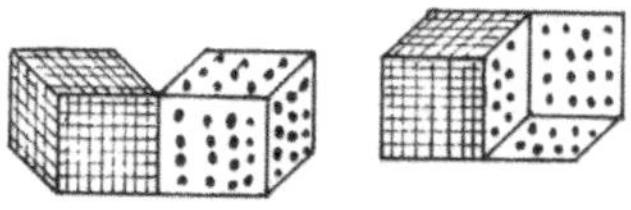

a) b)

Abb. 62: Bernd

Beispiel 40: Jost bemerkt während seiner Rekonstruktion (Abb. 63 a): "Der so ... der ... so. Wenn's nicht anders geht." Er verändert die Figur nach H1 nicht: "Du kannst alles probieren, aber es ist immer falsch." Nach H2 legt er die Plättchen wie in Abb. 63 b und meint auf die Frage, ob es ganz genauso aussieht: "Nein. Kann man ja nicht kriegen."

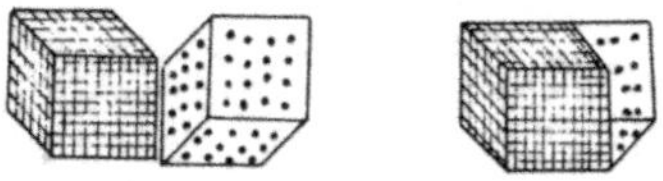

a) b)

Abb. 63: Jost

Beispiel 41: Rachel versucht, die Plättchen direkt auf die Vorlage zu legen, und ordnet sie nach der Aufforderung, sie neben das Blatt zu legen, links und rechts von der Zeichnung an (Abb. 64 a). Sie verändert nach H1 nichts und legt die Plättchen nach H2 wie in Abb. 64 b unmittelbar oberhalb der Zeichnung: "Da ist immer hier unten eine Lücke." Nach nochmaliger Hilfe 1 legt sie die Plättchen übereinander (Abb. 64 c) und äußert sich zufrieden.

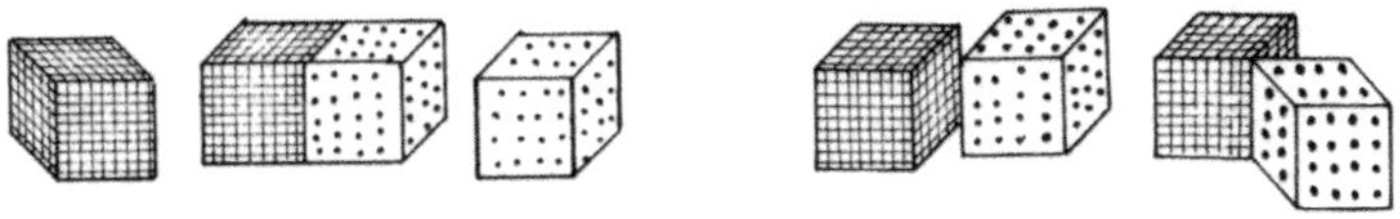

a) b) c)

Abb. 64: Rachel

Beispiel 42: Stefan meint zu der vorgelegten Zeichnung: "Hier sind zwei Würfel, einer ist rot und einer ist grün. Bei dem grünen sieht man die eine Seite und hier vorne und oben. Und bei dem roten sieht man nur oben und vorne." Er ist mit seiner Wiedergabe (Abb. 65 a) offensichtlich nicht zufrieden: "Wenn man so guckt, dann sieht man die Seite nicht. Das sieht hier genauso aus wie da." - "Ja, so ist das richtig. Anders kann ich's nicht." - "Nicht ganz richtig. - Dann liegt das ja daneben. Weil man hier ja die Seite dann nicht sieht." - "Da sieht man das Ganze. Hier sieht man nur die Hälfte." Nach H2 legt er die Plättchen wie in Abb. 65 b und meint: "Ich hab's richtig." - "Jetzt muß das ja richtig sein." Er schaut zu seinem Nachbarn und korrigiert seine Figur (Abb. 65 c), bleibt jedoch unzufrieden.

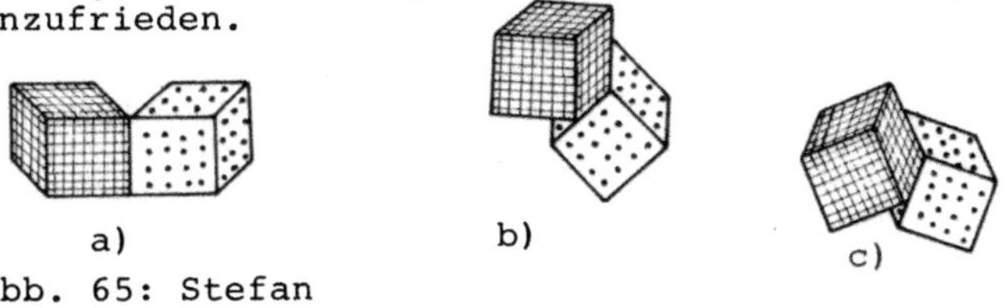

a) b) c)

Abb. 65: Stefan

Beispiel 43: Sven hält die Aufgabe für schwer und seine Wiedergabe (Abb. 66 a) für nicht richtig: "Nein, da müssen noch Ecken dran." Nach H1 legt er die Plättchen wie in Abb. 66 b und äußert sich zufrieden. Er hält seine Figur jedoch nicht mit der Vorlage bei H2 identisch: "Da müßte ja noch eine grüne Ecke dran sein."

a) b)

Abb. 66: Sven

Beispiel 44: Marcel gelingt in mehreren Ansätzen, bei denen er die Plättchen jeweils in der  -Perspektive legt, keine zufriedenstellende Rekonstruktion; "die Spitze" klappt bei ihm nicht. Nach H1 legt er die Plättchen wie in Abb. 67 a, nach H2 wie in Abb. 67 b.

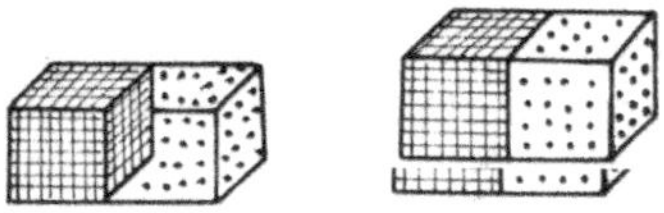

a) b)

Abb. 67: Marcel

Beispiel 45: Thorsten legt nach mehreren Versuchen die Plättchen wie in Abb. 68 a und äußert sich zufrieden. Auf die Frage, ob es nicht besser geht, wenn man die Plättchen etwas aufeinander legt, meint er: "Hm, hm (verneinend). Ja, doch so ein bißchen. Weil man dann nicht so die weißen Lücken sieht." Er kommt jedoch zu keiner besseren Lösung. Nach H2 bemerkt er: "Hm? Ha, das wird ein bißchen kompliziert. Da hab' ich aber irgend etwas falsch gemacht." - "Endlich, hab' ich auch." (Abb. 68 b)

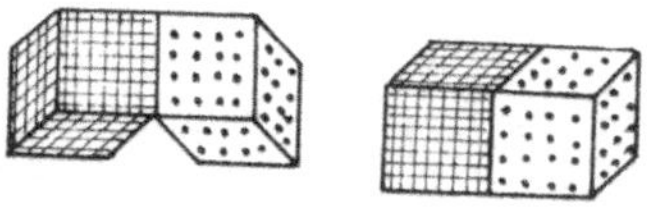

a) b)

Abb. 68: Thorsten

Beispiel 46: Hendrik legt das rote Plättchen sofort, das grüne Plättchen nach längerem Drehen wie in Abb. 69 a und äußert sich zufrieden. Nach H1 schiebt er die beiden Plättchen etwas übereinander und meint nach H2: "Hab' ich ja gar nicht." In einem neuen Versuch legt er beide Plättchen in korrekter Perspektive und erst im zweiten Ansatz übereinander (Abb. 69 b)

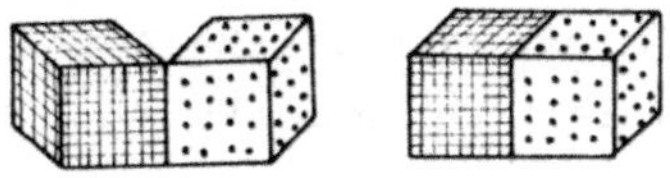

a) b)

Abb. 69: Hendrik

Beispiel 47: Andreas legt beide Plättchen zunächst isoliert voneinander in der  -Perspektive. Er dreht das grüne Plättchen unter unmittelbarer Ausrichtung an dem roten und gelangt zu der korrekten Endlage, ohne eine Hilfe in Anspruch nehmen zu müssen.

Als zentrales Problem bei dieser einführenden Aufgabe erweist sich der Aspekt des Überdeckens (vgl. S. 102 ff).

Die Beispiele 35 - 37 stellen Situationen dar, in denen die Vpn trotz der beiden Hilfen die Plättchen ausschließlich nebeneinander legen. Die Verhaltensweisen dieser Schüler bilden in zweierlei Hinsicht typische Erscheinungen für die erste Phase.

1. Es wird durch intensive Drehungen beider Plättchen versucht, diese zu koordinieren, wobei als Endlagen zumeist symmetrische Anordnungen der Plättchen auftreten (Abb. 60, 61).

2. Die Äußerungen, mit denen eine Unzufriedenheit artikuliert wird, beziehen sich auf ein dominantes Merkmal, auf die "Lücke", die, wenn keine Überdeckungen vorgenommen werden, zwischen den Plättchen zwangsweise entsteht.

Die trotz massiver äußerer Anregungen und eigener Unzufriedenheit mit der gefundenen Lösung strikte Weigerung der Kinder in den Beispielen 35 - 37, die Plättchen übereinander zu schieben (so vor allem bei Wolfgang in Beispiel 37), weist eindeutig darauf hin, daß bei den konstruktiven Aktivitäten dieser Schüler die projektive Struktur des einzelnen Plättchens - wenn überhaupt - nur sehr beschränkt berücksichtigt wird. Sie fassen die Plättchen offenbar als gegenständliches (das Original als Objekt repräsentierendes) zweidimensionales Äquivalent von konkreten Würfeln auf und versuchen konsequenterweise, die Gleichgewichtigkeit der beiden Bestandteile in ihren Rekonstruktionen auszudrücken. Ein Überdecken der Plättchen würde diese Gleichrangigkeit zerstören; letzteres erscheint dann als sinnvolle Handlung, wenn sie mit einer projektiven Interpretation des Plättchenmaterials verbunden ist (Auszeichnung eines Blickwinkels, Abdecken von Seitenflächen).

Betrachtet man bildliche Konstruktionen als Ausdruck einerseits der Erfahrung, die sie widerspiegeln, und andererseits des Materials, in dem sie ausgeführt werden (ARNHEIM [1]), so stellen die Plättchen für Kinder, die sie wie in den Beispielen 35 - 37 auffassen, ein ungeeignetes Material dar, da sie ihnen keine Möglichkeiten bieten, ihre Erfahrungen adäquat wiederzugeben.

Eine weitere Klasse von Reproduktionsleistungen repräsentieren die Beispiele 38 - 42. Hier führen die Vpn zwar im Anschluß an Hilfe 1 bzw. 2 Überdeckungen durch, gelangen jedoch zu keiner korrekten Endlage.

Eine Sonderposition unter diesen Beispielen nimmt Eva (Beispiel 38) ein. Sie schiebt die Plättchen nur deshalb andeutungsweise übereinander, weil sie dazu aufgefordert wurde; ihr widerstrebt es offensichtlich,ihre ausgewogene (symmetrische) Konfiguration zu zerstören und einem der beiden Plättchen eine bevorzugte Stellung einzuräumen - ein Verhalten, welches sie durchgehend bei allen Rekonstruktionen zeigt.

Von einer isolierten Betrachtungsweise beider Würfel bzw. Plättchen geht auch Rachel (Beispiel 41) aus, wobei sie in erster Linie bestrebt zu sein scheint, eine möglichst starke Übereinstimmung zwischen den sich entsprechenden Teilelementen im Informationsträger und Aktivitätsbereich zu erreichen, und dabei den Zusammenhang der Figur zunächst völlig außer Acht läßt.

Qualitativ höher einzuschätzen als die Verhaltensweise von Rachel ist die Reaktion von Stefan (Beispiel 42), obwohl ihre Endprodukte in etwa vergleichbar sind. Er zieht zu seinen Rekonstruktionsversuchen eindeutig projektive Beziehungen heran und ist sogar in der Lage, die zwischen seiner ersten Wiedergabe (Abb. 65 a) und der Vorlage bestehende Diskrepanz korrekt zu analysieren.

Die sehr differierenden Beurteilungen der eigenen Rekonstruktionen etwa bei Rachel und Stefan weisen auf mehrere unterschiedliche Interpretationsmöglichkeiten derartiger verbaler Äußerungen hin. So bleibt es zum Beispiel offen, ob Kinder mit falschen Reproduktionen, die die Frage des Vls, ob ihre Figur genauso aussieht wie die Zeichnung, bejahen, ihre Wiedergabe tatsächlich für identisch mit der Vorlage halten, den Ausdruck "genauso" subjektiv in einem schwächeren Sinne interpretieren, das Eingeständnis der eigenen "Unfähigkeit" vermeiden wollen oder der Ansicht sind, daß mit dem Plättchenmaterial keine "besseren" Lösungen möglich sind. Entsprechend kann sich eine geäußerte Unzufriedenheit sowohl auf die eigene Rekonstruktion als auch auf die Möglichkeiten des Aktivitätsbereiches beziehen, wie es etwa bei Bernd (Beispiel 39) und Jost (Beispiel 40) der Fall ist.

Insgesamt dürfte die Art der Reaktionsweise auf Kontrollfragen des Vls wesentlich durch individuelle Persönlichkeitsmerkmale bestimmt werden, so daß Positivbeurteilungen der eigenen Leistung nur wenig aussagekräftig erscheinen.

Eine dritte Kategorie von Rekonstruktionsleistungen bilden die Beispiele 43 - 47, in denen die Vpn spätestens, nachdem sie eine korrekte Lösung gesehen haben, zu einer perspektivisch sinnvollen, insbesondere einheitlichen Wiedergabe der Vorlage unter Berücksichtigung des Überdeckungsprinzips gelangen.

Auch bei diesen Schülern lassen sich unterschiedlich zu bewertende Prozeßverläufe feststellen.

So scheint Sven (Beispiel 43) bereits zu Beginn die Notwendigkeit einer einheitlichen perspektivischen Ausrichtung der Plättchen erkannt zu haben; seine Reaktion auf Hilfe 1 läßt vermuten, daß seine Probleme vorwiegend in dem technischen Aspekt des Überdeckungsprinzips (völlig ungewohntes Vorgehen bei einem ebenen Material) begründet liegen. Sein Perspektivenwechsel nach der ersten Hilfe ist vom Versuchsprotokoll her nicht näher begründbar. Er zeigt jedoch, daß Sven keineswegs analytisch vorgeht und die Plättchen unmittelbar übereinanderschiebt, sondern erst weitere Koordinationsversuche benötigt, um zum Erfolg zu kommen - eine Erscheinung, die für die erste Phase der Aktivitäten mit dem Plättchenmaterial allgemeingültig ist.

Im Gegensatz zu Sven, Marcel (Beispiel 44) und Andreas (Beispiel 47), der aufgrund seiner eigenen Handlungen zur Einsicht in die Notwendigkeit des Überdeckens gelangt, ist bei Thorsten (Beispiel 45), obwohl er letztlich ebenfalls zu einer korrekten Wiedergabe kommt, zunächst keine Perspektivendifferenzierung festzustellen. Aus seiner und auch Hendriks Verhaltensweise (Beispiel 46) ist nicht zu entnehmen, welche Gesichtspunkte für die letztlich korrekte Wiedergabe verantwortlich sind, ob die Lösung insbesondere etwa aufgrund einer rein "ebenen" Rekonstruktionsstrategie gewonnen wird. Um hier nähere Aufschlüsse zu erhalten, ist es erforderlich, das Rekonstruktionsverhalten bei komplexeren Vorlagen (mit drei bzw. vier Würfeln) zu analysieren.

b_2) Weiterer Verlauf (drei bzw. vier Würfel)

Die folgenden Beispiele sind den Untersuchungssequenzen drei und vier entnommen. Sie sind insofern charakteristisch für das Lösungsverhalten der Vpn, als sie jeweils vielfach beobachtbare Vorgehensweisen und Rekonstruktionstypen repräsentieren.[33)]

Beispiel 48: Rainer rekonstruiert die zeichnerische Vorlage korrekt mit konkreten Würfeln: "Ich hab' das hoch gebaut." Die Plättchen legt er in der Mitte beginnend wie in Abb. 70 und meint, daß es genauso aussieht wie Zeichnung und konkrete Figur.

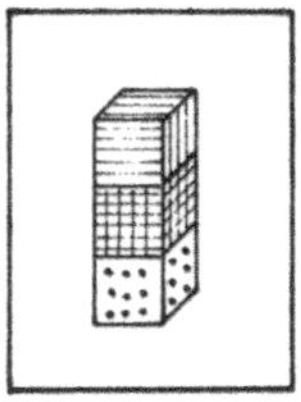

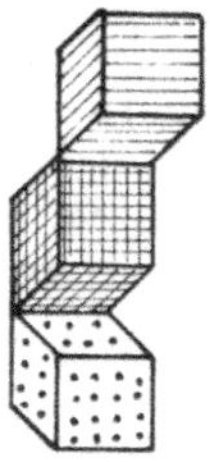

Abb. 70: Rainer

Beispiel 49: Olav legt, ohne sich zu korrigieren, die Vorlage wie in Abb. 71 nach und äußert sich zufrieden. Nach Wegnahme der Zeichnung baut er seine Plättchenfigur korrekt mit konkreten Würfeln nach.

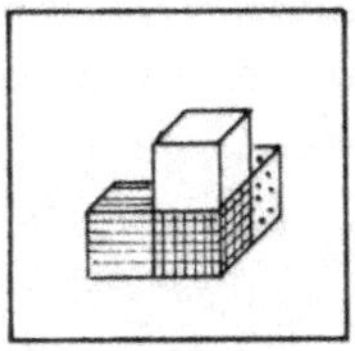

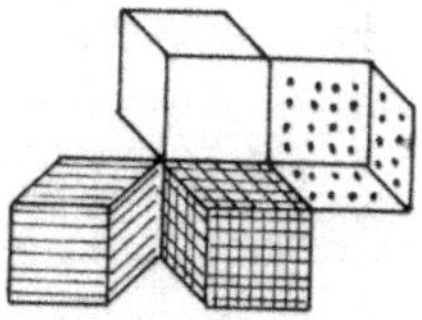

Abb. 71: Olav

Beispiel 50: Roland gibt die zeichnerische Vorlage mit konkreten Würfeln korrekt wieder und rekonstruiert die Konfiguration mit Plättchen bei rot () anfangend wie in Abb. 72. Er orientiert sich dabei an der Zeichnung und meint, daß seine Figur genauso aussieht.

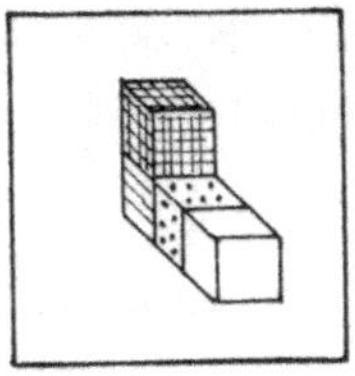

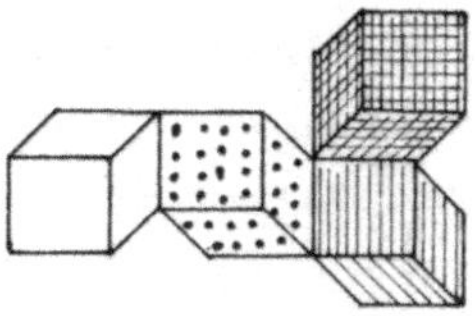

Abb. 72: Roland

Die Beispiele 48 - 50 stellen Verhaltensweisen dar, die in keiner Weise auf eine Berücksichtigung projektiver Merkmale von Seiten der Vpn schließen lassen. In allen drei Situationen werden im wesentlichen nur die topologischen Beziehungen zwischen den einzelnen Elementen wiedergegeben; die Lage der Plättchen zueinander scheint darüber hinaus allein von deren Parkettierungsmöglichkeiten bestimmt zu sein (Aneinanderlegen gleich langer Seiten, Vermeiden von "Lücken"). Als weitere Indizien für eine "ebene" Handhabung der Plättchen bei diesen Schülern können angesehen werden

- die (trotz vorangegangener massiver Hinweise) Weigerung der Vpn, die Plättchen übereinander zu legen
- die einer räumlichen Interpretation teilweise widersprechende Baustrategie (Beispiel 48, 50)
- die Zufriedenheit der Vpn mit ihrer Wiedergabe.

Ein Vergleich der Leistungen in den Aktivitätsbereichen Plättchenmaterial und konkrete Würfel, der an diesen Beispielen unmittelbar möglich ist, verdeutlicht die starken Unterschiede im Anspruchsgrad der beiden Medien. Während bei einer Rekonstruktion im dreidimensionalen Medium der konkreten Würfel die Berücksichtigung der Merkmale auf, neben, hinter ... (also topologischer Relationen einschließlich einer Dimensionsdifferenzierung) ausreichend ist, führt die Beachtung nur dieser Informationen bei Aktivitäten mit dem Plättchenmaterial zu Lösungen wie etwa in Abb. 70 - 72. Die Tiefendimension muß in diesem Medium, wenn nicht zusätzlich Aspekte berücksichtigt werden, welche die innere Struktur der Plättchen betreffen, aufgrund dessen Zweidimensionalität zwangsweise in der Breiten- oder Höhendimension dargestellt werden.

Gleichzeitig veranschaulichen diese Beispiele die Möglichkeit, durch Einsatz unterschiedlicher (im Anspruchsgrad abgestufter) Medien zu einer differenzierteren Analyse des Entwicklungsstandes von Kindern hinsichtlich eines bestimmten Konzeptes zu gelangen, als es bei Verwendung nur einer Aktivitätsform möglich wäre. So sind die dort aufgeführten Vpn offenbar nicht in der Lage, über die für den Umgang mit konkreten Würfeln wesentlichen Merkmale hinaus bedeutsame Eigenschaften des Informationsträgers konstruktiv zum Ausdruck zu bringen.

Darüber hinaus deuten die Beispiele 48 - 50 auf einen entscheidenden Mangel der Plättchen im Hinblick auf einen Einsatz als didaktisches (nicht als diagnostisches) Material hin. Dieser besteht im wesentlichen in dem Fehlen einer objektiven, für den Schüler einsichtigen Kontrollmöglichkeit der vollzogenen Leistung. Geht man nämlich von der Annahme aus, daß die projektiven Beziehungen, wie sie in der ebenen Darstellung innerhalb und zwischen den verschiedenen Würfeln repräsentiert werden, für Schüler mit Rekonstruktionen wie in Abb. 70 - 72 bei der Herstellung und Beurteilung ihrer Figur keine Rolle spielen, dürfte es schwer fallen, Lernprozesse zu initiieren, die sich genau auf die Gesichtspunkte beziehen, welche die Schüler selbst für unwesentlich halten.

Beispiel 51: Eva legt die Plättchen bei der Wiedergabe von rechts nach links wie in Abb. 73, verschiebt sie anschließend um Millimeter und äußert sich mit ihrer Figur zufrieden.

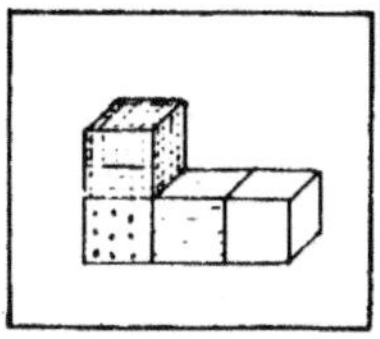

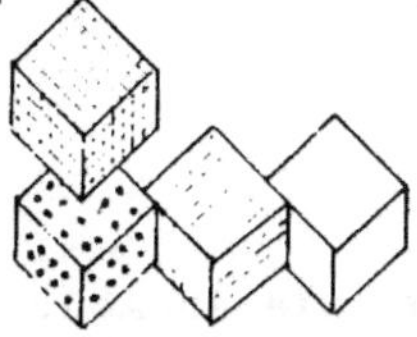

Abb. 73: Eva

Beispiel 52: Claudia rekonstruiert die Vorlage sofort korrekt, zerstört jedoch das richtig Nachgelegte wieder. Sie kommt anschließend zu keiner befriedigenden Lösung (Abb. 74): "Wenn ich den untersten lege, dann ist da immer so eine komische Ecke."

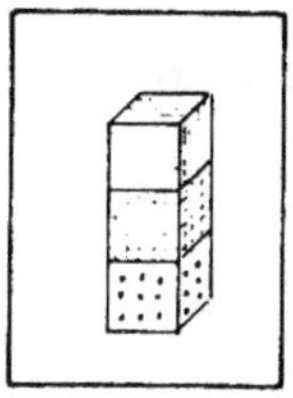

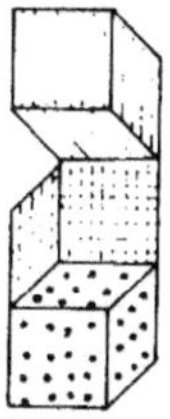

Abb. 74: Claudia

Beispiel 53: Marcel führt während seiner Rekonstruktion häufig Drehbewegungen mit den Plättchen unter Orientierung an bereits liegende Plättchen durch (Abb. 75 a). Er äußert sich zufrieden, gibt jedoch seine Plättchenfigur anschließend mit konkreten Würfeln wie in Abb. 75 b wieder.

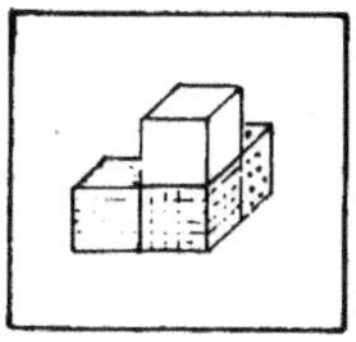

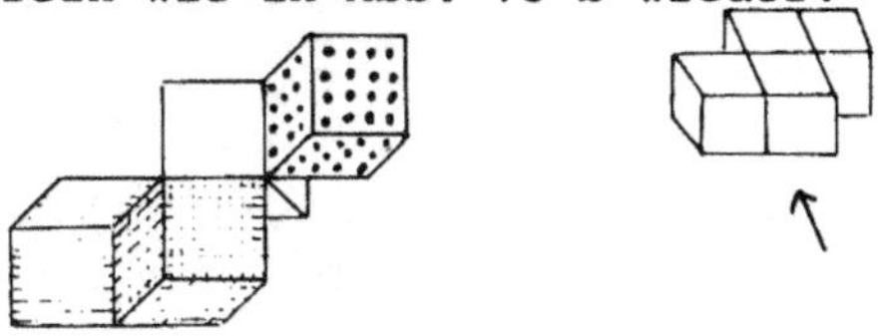

a) b)

Abb. 75: Marcel

Beispiel 54: Holger versucht durch intensives Drehen jeweils einzelner Plättchen diese zu koordinieren. Er benötigt mehr als fünf Minuten, um zu einer Lösung zu kommen, mit der er sich zufrieden zeigt (Abb. 76), wobei als zwischenzeitliche Endlagen nur die Perspektiven  und  auftreten.

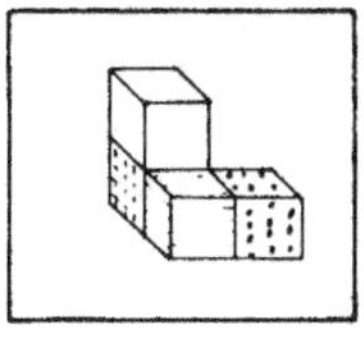

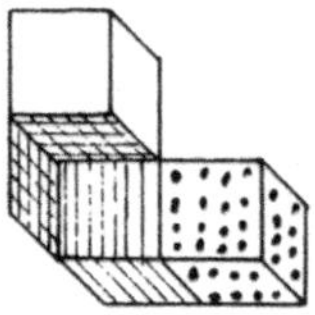

Abb. 76: Holger

Beispiel 55: Jost legt die Vorlage wie in Abb. 77 nach. "Sieht genauso aus. Ist schon klar."

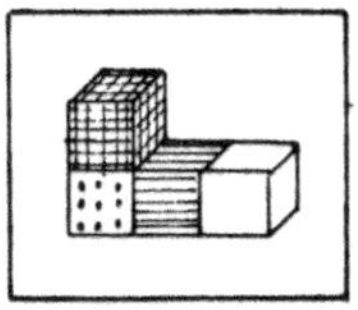

Vl: "Jost, sieht's ganz genauso aus?"
Jo: "Nein."
Vl: "Noch nicht? Kannst du's denn eventuell so hinkriegen?"
Jo: "Hab's ja schon. Und fertig. Sieht genauso aus wie auf dem Bild."
Er dreht das rote Plättchen () und legt es wie vorher wieder unter das grüne ().

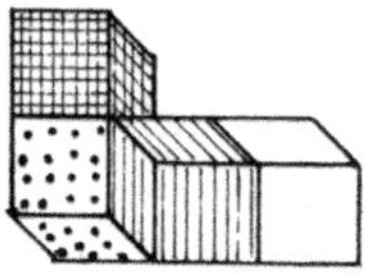

Abb. 77: Jost

Beispiel 56: Peter führt bei der Rekonstruktion häufige Korrekturen und Neuansätze durch (Abb. 78 a, b).

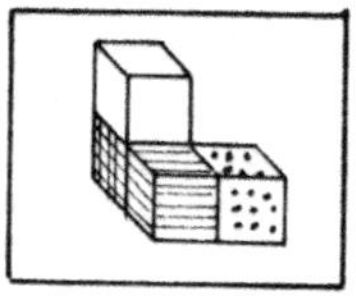

Vl: "Was meinst du denn, Peter, sieht das (Abb. 78 b) genauso aus?"
Pe: "Ja"
Vl: "Ja? Oder ein bißchen anders?"
Pe: "Weiß nicht" - "Ein bißchen anders"

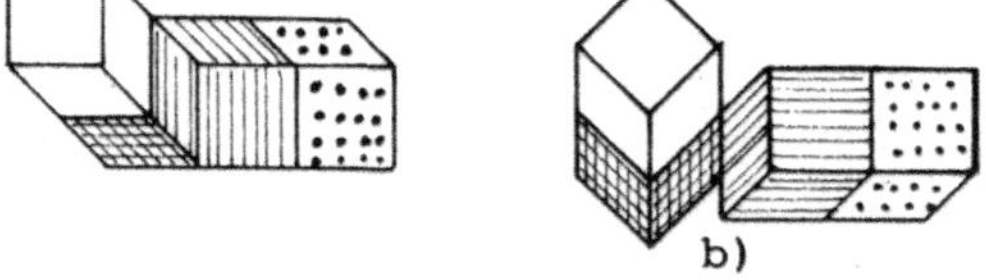

b)

Abb. 78: Peter

Beispiel 57: Wilke gibt die zeichnerische Vorlage mit konkreten Würfeln um 90° im Uhrzeigersinn gedreht wieder. Sie führt mit den Plättchen während der Rekonstruktion mehrfach Drehungen durch und legt zum Schluß das rote Plättchen () voll auf das blaue () (Abb. 79).

Vl: "Warum hast du denn das rote auf das blaue gelegt? Muß das da drauf liegen?"
Wi: "Ja, weil da, weil der da drunter ist unter dem roten."

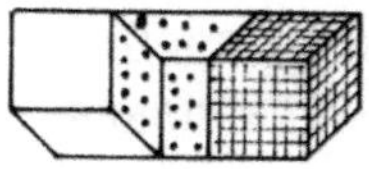

Abb. 79: Wilke

Beispiel 58: Stefan legt bei seiner Rekonstruktion das gelbe () Plättchen direkt auf das blaue (   ) (Abb. 80).

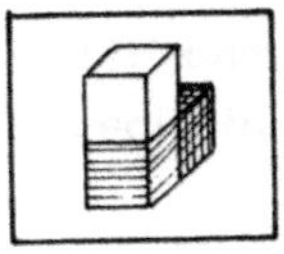

Vl: "Stefan, du hast das gelbte Plättchen genau auf das blaue gelegt."
St: "Hm" (zustimmend)
Vl: "Muß das sein?"
St: "Ja"
Vl: "Warum muß denn das gelbe da drauf liegen?"
St: "Weil das gelbe auch auf dem blauen liegt."

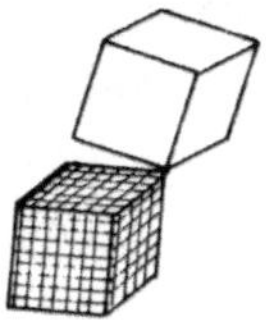

Abb. 80: Stefan

Beispiel 59: Ferdinand legt zuerst das rote () und das blaue () Plättchen. "Wie soll ich den gelben dahin kriegen?" - "Soll ich den oben drauf legen oder soll ich den unten drunter legen?"

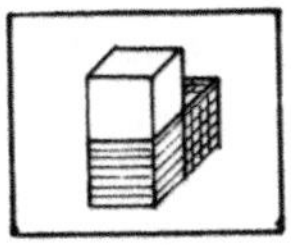

Er unternimmt einen neuen Ansatz: "Das muß nach oben. Wie herum? So herum. Das da, das muß irgendwie dadran gesetzt werden, aber wie?" - "Dann leg' ich den roten so. Quatsch, der muß ja so herum."
Er verwendet während seiner Rekonstruktionsversuche die Plättchenlagen , ,  und  und meint zu seiner Lösung (Abb. 81): "Geht doch ganz puppig für mich. Nur erst hatte ich auch meine Schwierigkeiten."

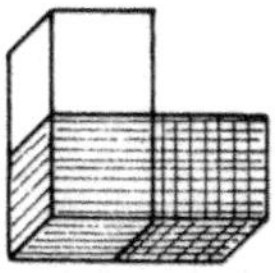

Abb. 81: Ferdinand

Im Unterschied zu den Beispielen 48 - 50 berücksichtigen die Vpn in den Beispielen 51 - 59 zwar das Überdeckungsprinzip, gelangen jedoch zu keiner vollständigen projektiven Koordinierung der Plättchen.

Während Eva (Beispiel 51) zwar eine einheitliche perspektivische Lage der Plättchen wählt, dabei jedoch nur zaghaft und willkürlich (auch bei den anderen Aufgaben entsprechend der Reihenfolge des Legens durch Auflegen neuer Plättchen) überdeckt (vgl. Beispiel 38), ist bei Claudia (Beispiel 52), Marcel (Beispiel 53) und Holger (Beispiel 54) eindeutig das Bestreben festzustellen, Teilflächen der Plättchen (Seitenflächen der Würfel) abzudecken. Die hier vollzogenen Koordinierungen sind keineswegs das Ergebnis analytischen Vorgehens (etwa Beachtung der Zahl der in der Vorlage sichtbaren Teilflächen), sondern vielmehr das Resultat längerer, unsystematischer enaktiver Versuche, die bei Claudia und Marcel zu keinem befriedigenden Abschluß führen.

Eine teilweise Koordinierung der Plättchen gelingt zum Beispiel Jost (Beispiel 55) und Peter (Beispiel 56). Ihre Rekonstruktionen bilden das typische Ergebnis einer Vorgehensweise, bei der versucht wird, jeweils zwei Plättchen durch Drehungen einander anzupassen, wobei weniger auf eine sinnvolle als auf eine gleichartige perspektivische Ausrichtung zweier in Beziehung zu setzender Plättchen geachtet wird.
Das Verhalten von Jost, der mit der Lage des roten Plättchens bei seinem ersten Ansatz offensichtlich nicht zufrieden ist, deutet auf ein weiteres Problem beim Umgang mit dem Plättchenmaterial hin. Sein Korrekturversuch hätte nur dann Aussicht auf Erfolg gehabt, wenn zusammen mit dem roten auch das grüne Plättchen in seiner Lage verändert worden wäre, bei einer Korrektur eines Bestandteiles seiner Figur also, den er selbst womöglich als korrekt ansieht.

Einen Eindruck von den Schwierigkeiten, die bei dem Versuch auftreten, eine gleichartige Ausrichtung der Plättchen ohne Fixierung einer bestimmten Lage (Perspektive) zu erreichen, vermittelt Beispiel 59. Wie seine Äußerungen zeigen, hat Ferdinand einige Probleme, die Gesichtspunkte der "einheitlichen Perspektivenwahl" und des sinnvollen Überdeckens derart zu koordinieren, daß ein konsistenter, ihn zufrieden stellender Gesamteindruck entsteht.

Ein völlig anders geartetes Phänomen, das in der Reduktion der Dimensionszahl beim Übergang zur ebenen Darstellung begründet liegt, repräsentieren die Beispiele 57 und 58. Sowohl Wilke als auch Stefan geben das räumliche "auf" auch in der Ebene als ein "auf" wieder, legen also die entsprechenden Plättchen voll übereinander, obwohl das dadurch entstehende Gebilde kaum noch mit der Vorlage zu identifizieren ist. Diese Erscheinung kann insofern als Anzeichen einer "räumlichen" Strategie angesehen werden, als Wilke und Andreas offensichtlich nicht die (ebene) zeichnerische Vorlage, sondern das, was sie darstellt, wiederzugeben versuchen. Eine plausible Erklärung für das vollständige Abdecken von Plättchen liefern die Begründungen der beiden Schüler. Sie gehen bei der Informationsaufnahme von räumlichen Begriffsbildungen aus ("liegt auf") und versuchen, diese räumlichen Beziehungen entsprechend in der Ebene auszudrücken, ohne die durch den Übergang zur Zweidimensionalität erforderliche "Übersetzung" vorzunehmen; ein weiteres Beispiel für eine auf die Zwitterstellung (einerseits räumlich-bildlich, andererseits eben-gegenständlich) des Materials zurückzuführende inadäquate Umgangsweise mit den Plättchen (vgl. S. 111 ff).

<u>Beispiel 60:</u> Stefanie rekonstruiert die zeichnerische Vorlage I mit konkreten Würfeln korrekt, mit Plättchen wie in Abb. 82 a, wobei sie von links nach rechts vorgeht und das rote Plättchen () zuletzt legt.

Sie reproduziert die Vorlagen II und III wie in Abb. 82 b und c. Bei der letzteren Figur legt sie bei der anschließenden Reproduktion der Plättchenfigur mit konkreten Würfeln den roten Würfel () hinter den grünen ().

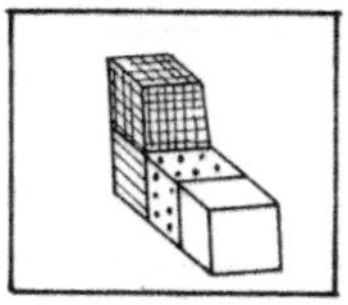

I

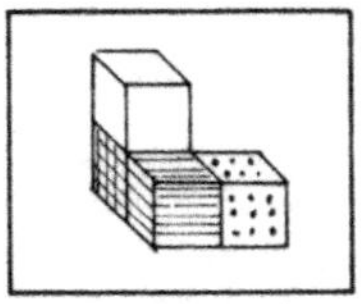

II

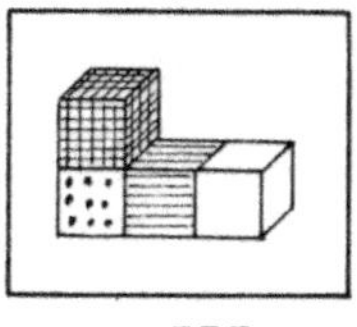

III

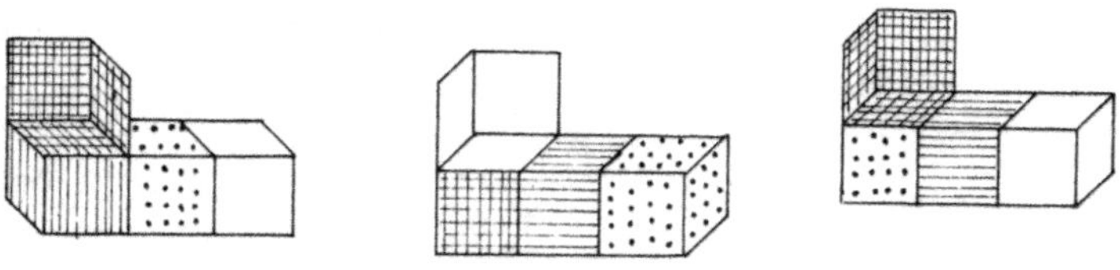

a) b) c)

Abb. 82: Stefanie

Beispiel 61: Jörg rekonstruiert die zeichnerische Vorlage wie in Abb. 83 a. Auf die Frage des Vls, ob es genauso aussieht wie auf dem Blatt, bemerkt er: "Ach nein, schräg" und dreht die gesamte Figur (Abb. 83 b).

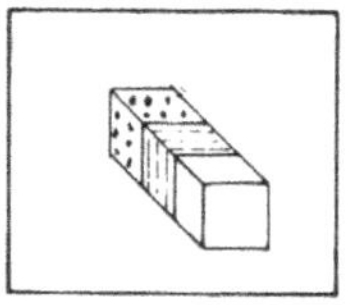

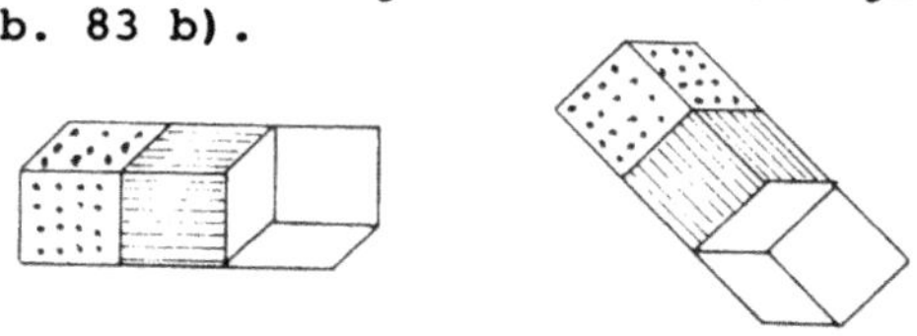

a) b)

Abb. 83: Jörg

Beispiel 62: Ferdinand meint zu seiner Rekonstruktion (Abb. 84): "Ich bin mit allem klar, aber nicht bei dem roten." - "Meins ist ein bißchen huckelig."

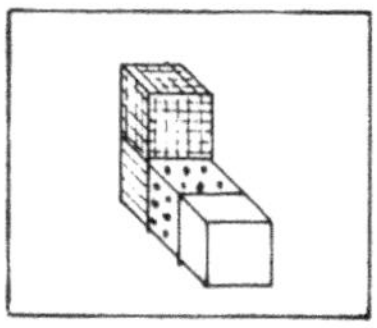

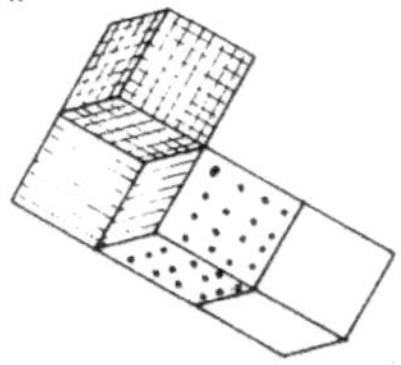

Abb. 84: Ferdinand

Beispiel 63: Katharina ist mit ihrer Rekonstruktion (Abb. 85 a) nicht zufrieden: "Ich kriege immer einen Turm." Im Anschluß an ihren zweiten, völlig neuen Ansatz (Abb. 85 b) entwickelt sich mit den anderen Vpn folgendes Gespräch.

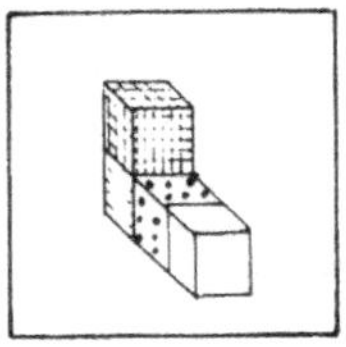

Vl: "Stimmt immer noch nicht?"
Ka: "Nein"
Vl: "Was stimmt denn noch nicht?"
Ka: "Das gelbe hier" ()
Kr: "Geht doch ganz leicht. Weil du das grüne () falsch gelegt hast."
Vl: "Kristof, du meinst, sie hat das grüne falsch gelegt?"
Kr: "Ja. Du muß mit der Spitze ... So, ja und jetzt das gelbe da drüber."
Ka: "Ja, dann sieht man doch das unten. Das unten statt da oben."
Ja: "Die Linie muß gerade liegen. Die Linie muß gerade durchgehen."
Vl: "Jan, welche Linie muß gerade durchgehen?"
Ja: "Diese hier"
Vl: "Die, da, die obere Kante von den drei Würfeln."
Ka: "Ja, jetzt ist es" (dreht das gelbe Plättchen, Abb. 85 c).
Vl: "Jetzt richtig, Katharina?"
Ka: "Nein"
Kr: "Doch!"
Ja: "Das gelbe ist falsch."

Vl: "... Was ist denn anders dran bei deiner
Zeichnung, Katharina?"
Ka: "Daß das so steht."
Sie meint, zu keiner besseren Lösung kommen zu können.

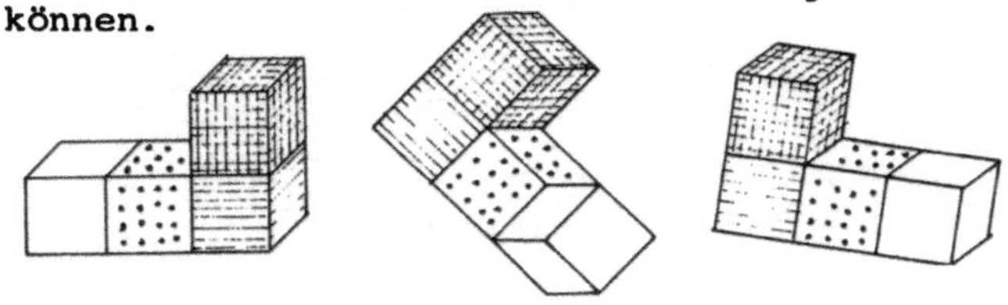

a) b) c)

Abb. 85: Katharina

Beispiel 64:

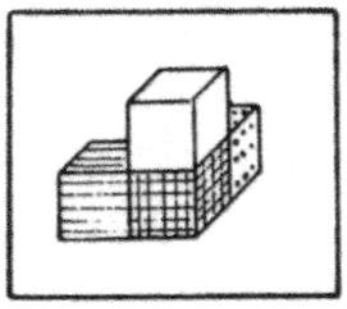

Marc meint zu seiner Wiedergabe (Abb. 86 a): "Fertig. So genau sieht's auch nicht aus." - "Die Ecke ist so schwer" (bei). Er korrigiert seine Lösung (Abb. 86 b): "So sieht's schon besser aus." Er rekonstruiert seine Plättchenfigur mit konkreten Würfeln zunächst, indem er die Tiefe in die Breite verlagert, und gibt erst in einem zweiten Ansatz die Originalfigur wieder.

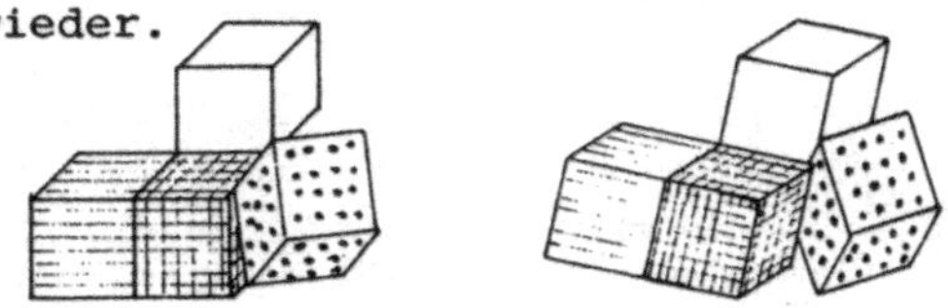

a) b)

Abb. 86: Marc

Beispiel 65:

Thorsten äußert während seiner Wiedergabe: "Der da erst mal weg (). Also der und der () und der () und der () muß dahinter? Ach, das mach' ich so. Geht ja wohl nicht anders." (Abb. 87 a) - "Jetzt muß ich den () so rum drehen."
Vl: "Wie mußt du den drehen?"
To: "So nach oben"
Vl: "Warum denn?"
To: "Sonst ist er nicht nach oben und ist
nicht gerade"
Er korrigiert seine Figur (Abb. 87 b) und äußert sich zufrieden.
Thorsten rekonstruiert seine Plättchenfigur mit konkreten Würfeln unter Verlagerung der Tiefe in die Breite (entsprechend Abb. 87 b). Auf die Einwände einer anderen Vp hinsichtlich der Position des grünen Würfels () meint er: "Das ist einfach so, das sieht von dir nämlich anders aus."

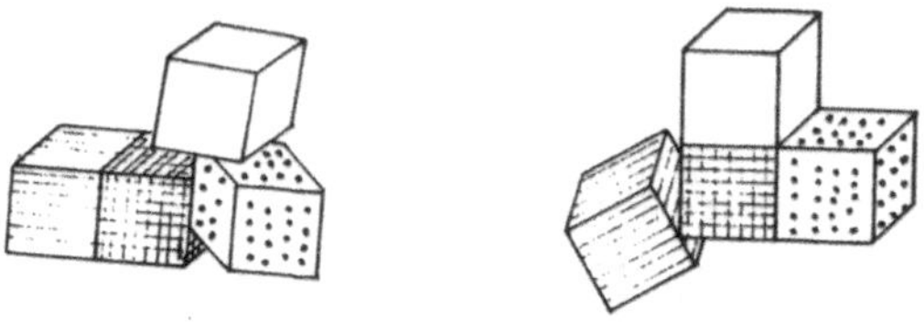

a) b)

Abb. 87: Thorsten

<u>Beispiel 66:</u> Birgit rekonstruiert die Vorlage nach mehreren Versuchen wie in Abb. 88 und äußert dazu: "Da sind diese beiden oben, aber das ist ja um die Ecke, das weiß ich nicht ..."

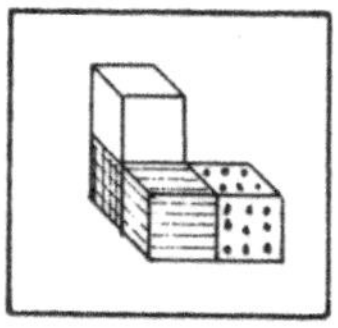

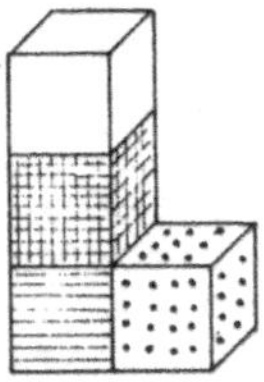

Abb. 88: Birgit

Beispiel 67: Andrea gibt die Vorlage in der Reihenfolge rot (), gelb (), blau () und grün wie in Abb. 89 wieder, wobei sie nur bei dem blauen Plättchen zwei Ansätze unternimmt. Sie bejaht die Frage, ob ihre Figur wie die Zeichnung aussieht.

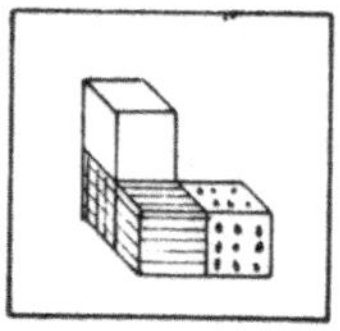

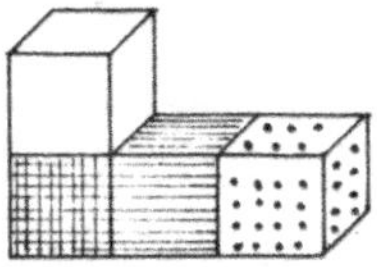

Abb. 89: Andrea

Rekonstruktionen, die in mehrfacher Hinsicht häufig auftretende und daher charakteristische Fehlertypen aufweisen, beinhalten die Beispiele 60 - 67.

Die erste Erscheinung, die hier angesprochen werden soll, wird besonders deutlich an den Beispielen 60 und 61; sie läßt sich kurz als "Drehung eines Endplättchens" charakterisieren. Darunter ist die 180°-Drehung eines einzelnen Plättchens gegenüber den anderen (in einheitlicher Perspektive liegenden) Plättchen zu verstehen, die - wie bei Stefanie und Jörg - bevorzugt an solchen Plättchen vorgenommen wird, die in der Konfiguration eine Endposition einnehmen, also einen Abschluß der Figur bilden. Leider liefern die Untersuchungsprotokolle keine weitergehenden Informationen, die zur Erklärung derartiger erstaunlich oft auftretender Fehlleistungen beitragen, so daß über deren Ursache nur Vermutungen geäußert werden können.

Möglicherweise ist eine solche Drehung Ausdruck einer Sonderposition, die dem jeweiligen Plättchen in der Konfiguration eingeräumt wird (etwa bevorzugte (vordere) Stellung oder Repräsentation einer "eigenen" Dimension), stellt also eine Betonung und Hervorhebung dieses Plättchens dar. Denkbar ist auch, daß der Figur eine gegenüber einer perspektivisch einheitlichen Wiedergabe größere Kompaktheit und Eigenständigkeit verliehen werden soll, indem zwei gegensätzlich orientierte, sich daher neutralisierende Richtungen verwendet werden.

Zwei weitere typische Fehlleistungen beziehen sich auf die Wiedergabe der Tiefendimension, die von allen drei Dimensionen die weitaus schwierigste darstellt (vgl. S. 93).

Einer dieser Rekonstruktionstypen wird von Jörg (Beispiel 61), Ferdinand (Beispiel 62) und Katharina (Beispiel 63) repräsentiert. Diese Vpn geben bei ihrer Reproduktion die Tiefendimension im Prinzip als Breite wieder und versuchen, einen Tiefeneindruck durch eine Schräglage der Plättchenfigur zu erreichen, die entweder bereits bei der Konstruktion angestrebt (Beispiel 62) oder nachträglich durch eine entsprechende Drehung der Gesamtfigur erreicht wird (Beispiel 61). Für diese Vorgehensweise, die sich auf solche Würfelgebilde konzentriert, bei denen die Breite nicht als Baurichtung auftritt, lassen sich zwei Erklärungsmöglichkeiten finden.

1. Für Schüler, welche die Tiefendarstellung nicht konstruktiv (in bezug auf das Plättchenmaterial) beherrschen, ist es naheliegend, die Tiefeneigenschaft der Vorlage durch das dominierende Merkmal der Schräglage auszudrücken.

2. Die Situationen, in denen nach Fertigstellung der eigentlichen Plättchenfigur eine Drehung der gesamten gelegten Konfiguration in eine Schräglage erfolgt (vgl. Beispiel 61), deuten darauf hin, daß manche Vpn der Meinung sind, eine

im Medium der konkreten Würfel mögliche und erfolgreiche Strategie (das nachträgliche Drehen der Figur) entsprechend bei dem Plättchenmaterial anwenden zu können.

Mit dem letzten Punkt wird eine weitere Problematik der Plättchen bei einem Einsatz als didaktisches Material angesprochen. Die Bewegungen, die in diesem Aktivitätsbereich sinnvoll sind, entsprechen nicht denen, die im gewohnten dreidimensionalen Raum durchgeführt werden können, ohne daß die Substanz einer Objektkonfiguration verändert wird; sie bilden ein sehr spezifisches Merkmal dieses Mediums. Das Problem der sich nicht entsprechenden Bewegungen tritt erneut bei der Rekonstruktion konkreter Würfelgebilde auf, wo unter anderem eine Würfelfigur vor und nach einer Drehnung um 180° von den Vpn mit Plättchen nachzulegen ist (vgl. S. 135 ff).

Eine zweite charakteristische Erscheinung bei Rekonstruktionen mit einer weitgehenden Koordinierung der Perspektiven bildet die Verlagerung der Tiefendimension in die Breiten- oder Höhendimension (Beispiel 60, 63, 66 und 67; vgl. S. 93), die dann zu einer substantiellen Änderung der vorgegebenen Würfelfigur führt, wenn neben der Tiefe auch die Breite als Baurichtung auftritt.

Den Reaktionen von Katharina (Beispiel 63), Birgit (Beispiel 66) und in geringem Maße auch von Andrea (Beispiel 67) ist zu entnehmen, daß diese Schüler zwar bestrebt sind, auch die Tiefe als solche wiederzugeben, jedoch an der konstruktiven Durchführung scheitern. Auch aus den Protokollen geht nicht unmittelbar hervor, worin die sich hier deutlich zeigende besondere Problematik der Tiefendarstellung gegenüber der Wiedergabe der anderen Dimensionen besteht.

Eindrücke, die während der Durchführung der Untersuchung durch Beobachtung der Koordinationsversuche der Vpn mit dem Plättchenmaterial gewonnen wurden, legen jedoch die Vermutung nahe, daß dem bereits auf S. 95 angesprochenen Aspekt der Koordinierung von Tiefenschlüsseln eine zentrale Bedeutung zukommt, wobei auch dessen "ebene" Komponente eine Rolle zu spielen scheint. Während Höhen- und Breitenkonstruktion eine Anpassung der wesentlichen Linien entlang der Vertikalen bzw. Horizontalen erfordern, verlangt die Konstruktion der Tiefe eine Ausrichtung der Anpassungs- und Drehbewegungen der Plättchen entlang der Schrägrichtung; ein Konzept, welches bei Kindern dieses Alters weniger entwickelt ist als der Horizontalen- und Vertikalenbegriff (vgl. OLSON [22]) und somit für die Handlungen der Schüler mit geringeren Fixierungsmöglichkeiten verbunden ist als bei der Höhen- und Breitenwiedergabe.

Typische Beispiele, in denen dieses Problem auch in den Endprodukten sichtbar wird, bilden die Rekonstruktionen von Marc (Beispiel 64) und Thorsten (Beispiel 65). Beiden gelingt es nicht, von der dominierenden Horizontalen aus den Übergang zu der die Tiefe repräsentierenden Schrägrichtung angemessen herzustellen, wobei Thorsten sogar, um eine Differenzierung der Dimension anzudeuten, den korrekten Breitenbestandteil verändert.

Beispiel 68: Andreas legt bei der Rekonstruktion der zeichnerischen Vorlage I mit konkreten Würfeln die Würfel direkt neben der Zeichnung hintereinander und gelangt anschließend ohne Fehlversuch zu einer korrekten Plättchenreproduktion (Abb. 90 a). Die zeichnerische Vorlage II gibt er mit den Plättchen ebenfalls im ersten Ansatz wie in Abb. 90 b wieder und rekonstruiert seine Plättchenfigur anschließend in die Tiefe (mit konkreten Würfeln).

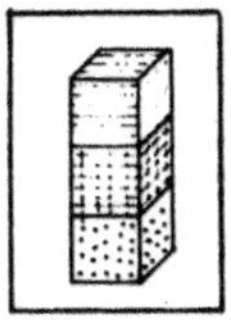

I

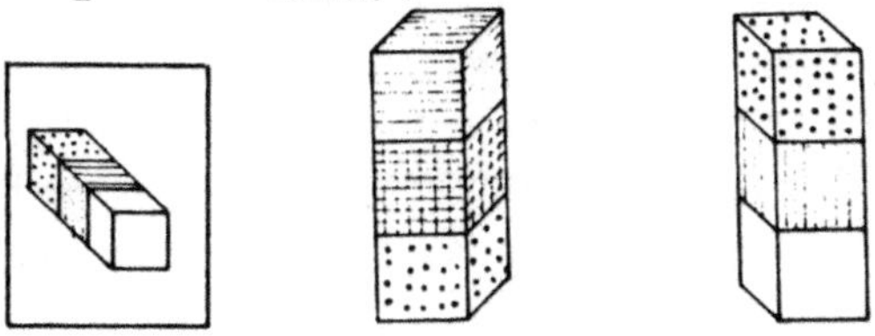

II a) b)

Abb. 90: Andreas

Beispiel 69: Jan rekonstruiert die (zeichnerische und konkrete) Vorlage entsprechend der Zeichnung korrekt.

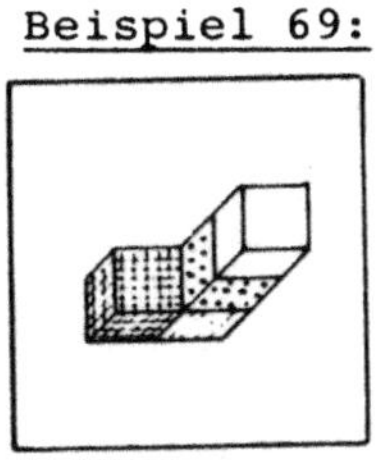

Vl: "Was hast du denn nachgelegt?"
Ja: "Die Zeichnung wieder"
Vl: "Die Zeichnung. Und ist es das gleiche?"
Ja: "Ja"
Vl: "Ist es auch dasselbe wie dein Turm?"
Ja: "Nein, nicht genau."
Vl: "Was ist denn anders, Jan?"
Ja: "Wie die liegen. Der kann nicht so hoch stehen, weil das nur so Papierstücke sind."

Beispiel 70: Rainer legt die Vorlage von unten nach oben wie in Abb. 91 a nach, bemerkt: "Fertig" - "Nein, falsch!" und gelangt in einem neuen Ansatz oben beginnend zur korrekten Lösung (Abb. 91 b).

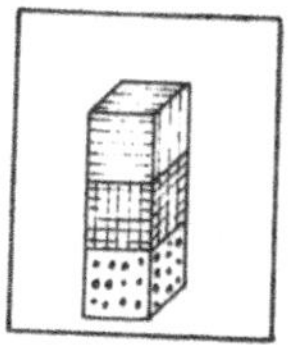

a) b)

Abb. 91: Rainer

Beispiel 71: Lars rekonstruiert die Zeichnung von links nach rechts, wobei er die Plättchen jeweils nach Drehungen sofort korrekt legt (Abb. 92).

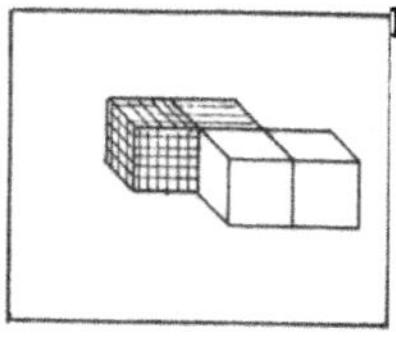

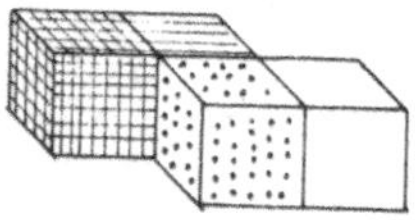

Abb. 92: Lars

In den Beispielen 68 - 71 werden Vpn vorgestellt, die zu korrekten Rekonstruktionen gelangen. Auch in dem hier diskutierten Aktivitätsbereich erweisen sich Situationen, in denen ohne Fehlversuche eine korrekte Reproduktion gegeben wird (Beispiel 71), für eine qualitative Analyse als wenig ergiebig, zumal zusätzliche Erläuterungen und Begründungen, wie etwa Jan (Beispiel 69) sie gibt, die Ausnahme bilden.

Die Beispiele 68 und 70 deuten jedoch an, daß die erfolgreiche Bewältigung einer Aufgabe durchaus mit zwischenzeitlichen Korrekturen und Neuansätzen verbunden, also das Ergebnis eines experimentellen Vorgehens der Vpn sein kann und keineswegs eine vollständige Differenzierung der Dimensionen in der ebenen Darstellung von Seiten der Schüler voraussetzt. Aussagen über den Entwicklungsstand einzelner Vpn hinsichtlich der hier verlangten räumlich-geometrischen Konzepte können daher nur durch eine Analyse von deren Vorgehensweisen und Leistungen über eine Klasse entsprechender Aufgabenstellungen hinweg gewonnen werden; ein Komplex, auf den im Rahmen dieser Arbeit nicht eingegangen wird.

c) Zusammenfassung

Das Plättchenmaterial stellt in Verbindung mit den in dieser Untersuchung eingesetzten zeichnerischen Würfelvorlagen aus zwei bis vier Elementen einen Aktivitätsbereich dar, der sich vom Schwierigkeitsgrad her aufgrund der stark differierenden Leistungen für diagnostische Zwecke in der Eingangsstufe als gut geeignet erweist.

Die Fehlerquellen beim Umgang mit dem Plättchenmaterial liegen auf dreierlei Ebenen.

1. Die Notwendigkeit, die Plättchen teilweise übereinander zu legen, wird von nur wenigen Vpn sofort erkannt, auch im weiteren Verlauf wenden viele Vpn trotz massiver Hilfestellung nur zögernd das für ein ebenes Material ungewohnte Überdekkungsprinzip an.

2. In annähernd der Hälfte aller Reproduktionen gelingt keine perspektivisch einheitliche Darstellung. Dazu gehören sowohl Vpn, die im wesentlichen nur topologische Merkmale bei der Rekonstruktion berücksichtigen, als auch solche, die bereits zu Teilkoordinierungen in der Lage sind (Zerfallen der Plättchenfigur in zwei Perspektiven, Phänomen der Drehung eines Endplättchens). Von den möglichen perspektivischen Ausrichtungen dominieren eindeutig die Kavalierperspektiven (auch gegenüber der Vogelperspektive), jedoch wird keine der beiden kavalierperspektivischen Lagen bevorzugt.

3. Die Tiefenkonstruktion erweist sich gegenüber der Breiten- und Höhenwiedergabe als am weitaus schwierigsten. Eine charakteristische Rekonstruktionsweise (bei einheitlicher Perspektive) bildet die Verlagerung der Tiefe in die Höhen- oder (bevorzugt) die Breitendimension - auch wenn sich dadurch die Würfelfigur in ihrer Substanz verändert -, wobei häufig versucht wird, durch eine Schräglage oder nachträgliche Drehung der Plättchenfigur die Tiefenausdehnung zum Ausdruck zu bringen. Eine einheitliche dominierende Strategie bei den Rekonstruktionen mit den Plättchen läßt sich - wie auch im Aktivitätsbereich konkrete Würfel - nicht feststellen. Vielmehr kristallisieren sich drei bevorzugte Vorgehensweisen heraus, die sich gegenseitig überlagern: die

"Baustrategie" (Rekonstruktion in einer im Medium konkrete Würfel möglichen Bauweise), die "Schreibstrategie" (Rekonstruktion von links nach rechts) und die "Strategie des einfachsten Plättchens" (Beginn der Rekonstruktion an der einfachsten Stelle).

Insgesamt unterscheiden sich die Strategien wenig von denen, die bei Reproduktionen mit konkreten Würfeln verwendet werden; ein - teilweise möglicher - direkter Vergleich erbringt erstaunlich große Übereinstimmungen.

4.3.2 Rekonstruktion konkreter Würfelgebilde

Die Rekonstruktionsaufgaben, bei denen allein eine konkrete Würfelfigur als Vorlage diente, sind in Abb. 93 dargestellt.

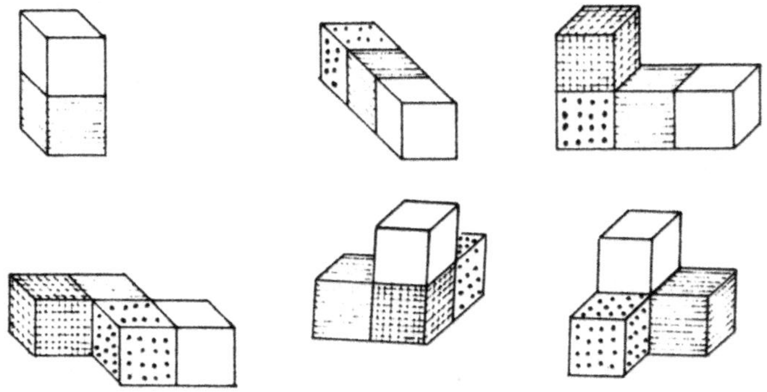

Abb. 93: Aufgaben des Typs W ⟶ P[34)]

Die ersten fünf Konfigurationen bilden eine Auswahl aus denen des Typs Z ⟶ P, um eine unmittelbare Vergleichsmöglichkeit zu besitzen. Das letzte Würfelgebilde entstand aus dem vorletzten durch eine 180°-Drehung; hier sollten die Reaktionen der Vpn auf eine derartige Bewegung des Informationsträgers überprüft werden (s. qualitative Analyse, S. 135 ff).

a) <u>Quantitative Analyse</u>

In diesem Abschnitt werden die sich jeweils entsprechenden Resultate der Phasen Z ⟶ P und W ⟶ P einander gegenübergestellt. Dabei erfolgt eine Beschränkung auf die Variablen, zu denen sich gegenüber 4.3.1 neue Gesichtspunkte ergeben.

a_1) Endproduktanalyse

Da die Ergebnisse zu den Variablen "Dimension" und "Überdecken" bei den Reproduktionen konkreter Würfelgebilde nicht wesentlich von denen der Phase Z ⟶ P abweichen, beschränkt sich die Endproduktanalyse auf die Variablen "Leistung" und "Perspektive".

Leistung

Abb. 94 enthält die bei den Aufgaben von Abb. 93 in den Phasen Z ⟶ P und W ⟶ P jeweils erreichten mittleren Punktwerte.

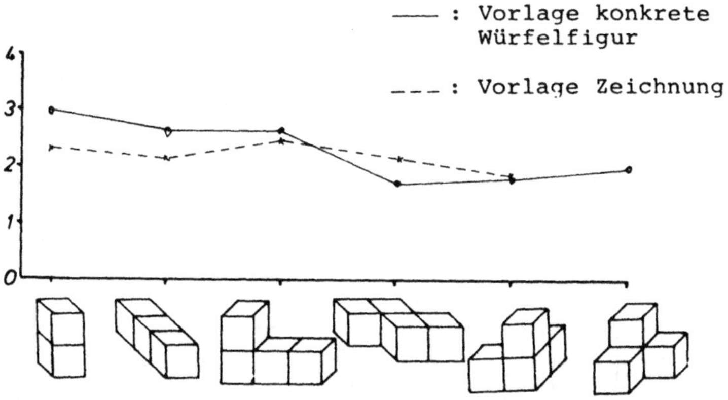

Abb. 94: Rekonstruktionsleistungen zu dem Informationsträger Zeichnung bzw. konkrete Würfelfigur[35)]

Abb. 94 zeigt eine insgesamt leichte Verbesserung bei den Rekonstruktionen konkreter Würfelkonfigurationen[36)], die auf folgende Ursachen zurückzuführen sein dürften.

1. Im Gegensatz zur Zeichnung ist bei der konkreten Würfelfigur als Vorlage die perspektivische Ausrichtung (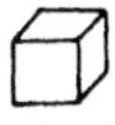 ,  oder ) nicht festgelegt, die Bewertungskriterien stimmen daher nicht voll überein (vgl. Anmerkung 22).
2. Die Tatsache, daß genau bei den (in der zeitlichen Anordnung) ersten drei Aufgaben die Reproduktionen nach konkreter Vorlage besser ausfallen, deutet auf Schulungseffekte hin, die durch die zwischenzeitlich erfolgten Aktivitäten initiiert worden sind (vgl. 4.3.1, S. 102 ff).

Aussagen über die Abhängigkeit der Leistungen von dem zugrunde liegenden Informationsträger sind demnach auf der Basis des vorliegenden Datenmaterials kaum zu treffen; jedoch scheint die Struktur des Informationsträgers keinen zentralen Einfluß auf die Reproduktionsleistungen mit dem Plättchenmaterial zu besitzen.

Perspektive

In Abb. 95 sind die Häufigkeiten dargestellt, mit denen bei den Rekonstruktionen W ⟶ P eine einheitliche, sowie speziell die 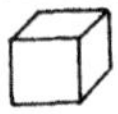 - bzw. 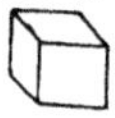 -Perspektive gewählt wurde.

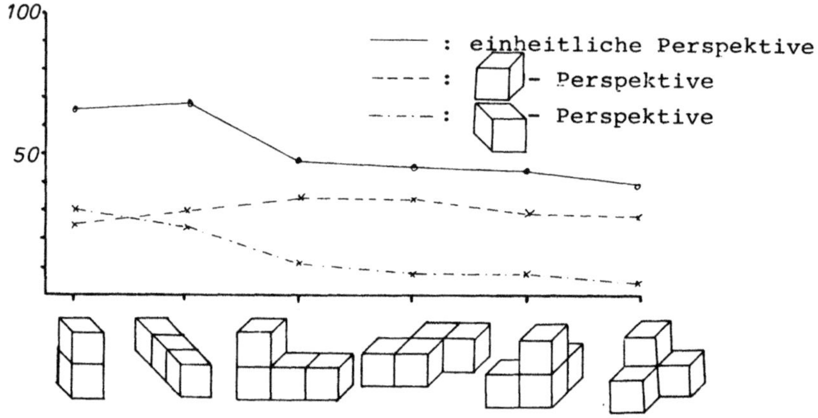

Abb. 95: Rekonstruktionen des Typs W ⟶ P, bei denen die beteiligten Plättchen jeweils in einer einheitlichen, der  - bzw.  -Perspektive liegen (Anteil in %)

Auch bei der Wiedergabe konkreter Würfelkonfigurationen dominieren - analog zur Phase Z ⟶ P - eindeutig die beiden kavalierperspektivischen Darstellungsformen. Im Unterschied zu den Rekonstruktionen von Würfelzeichnungen, bei denen sich keine Bevorzugung einer der beiden Kavalierperspektiven ergab, läßt sich jedoch aus Abb. 95 eine überaus klare Tendenz ablesen: Von der dritten Würfelfigur an überwiegt eindeutig die 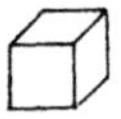 -Perspektive. Offensichtlich führt die Möglichkeit zu einer freien Perspektivenwahl bei vielen Vpn zu einer allmählichen Fixierung auf eine bestimmte perspektivische Lage, wobei die Frage, warum ausgerechnet die  -Perspektive eine beherrschende Stellung einnimmt, hier nicht geklärt werden kann.

Eine Ursache könnte darin bestehen, daß diese Perspektive möglicherweise den meisten Schülern von ihren Vorerfahrungen her am geläufigsten ist. Ein anderer Erklärungsversuch beruht auf der Bevorzugung der "Schreibstrategie": die Wahl der 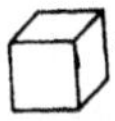-Perspektive bietet den Schülern, die von links nach rechts vorgehen, die Möglichkeit, neue Plättchen auf bereits liegende zu legen, also das Unterschieben von Plättchen zu vermeiden.

a_2) Prozeßanalyse

Die Prozeßanalyse beschränkt sich auf die Variablen "Anfangsplättchen" und "Reihenfolge", welche die bei der Rekonstruktion verwendeten Strategien beschreiben.

Rekonstruktionsstrategien

Aus Abb. 96 ist zu entnehmen

1. das Anfangsplättchen (Abb. 96 a) und die Reihenfolge (Abb. 96 b), die bei den Rekonstruktionen des Typs W ⟶ P jeweils bevorzugt wurden (Bezeichnung mit  bzw. ⟶ entsprechend Abb. 53, S. 97).
2. die Häufigkeiten, mit denen obige Anfangsplättchen bzw. Reihenfolgen in den Phasen Z ⟶ P und W ⟶ P gewählt wurden.

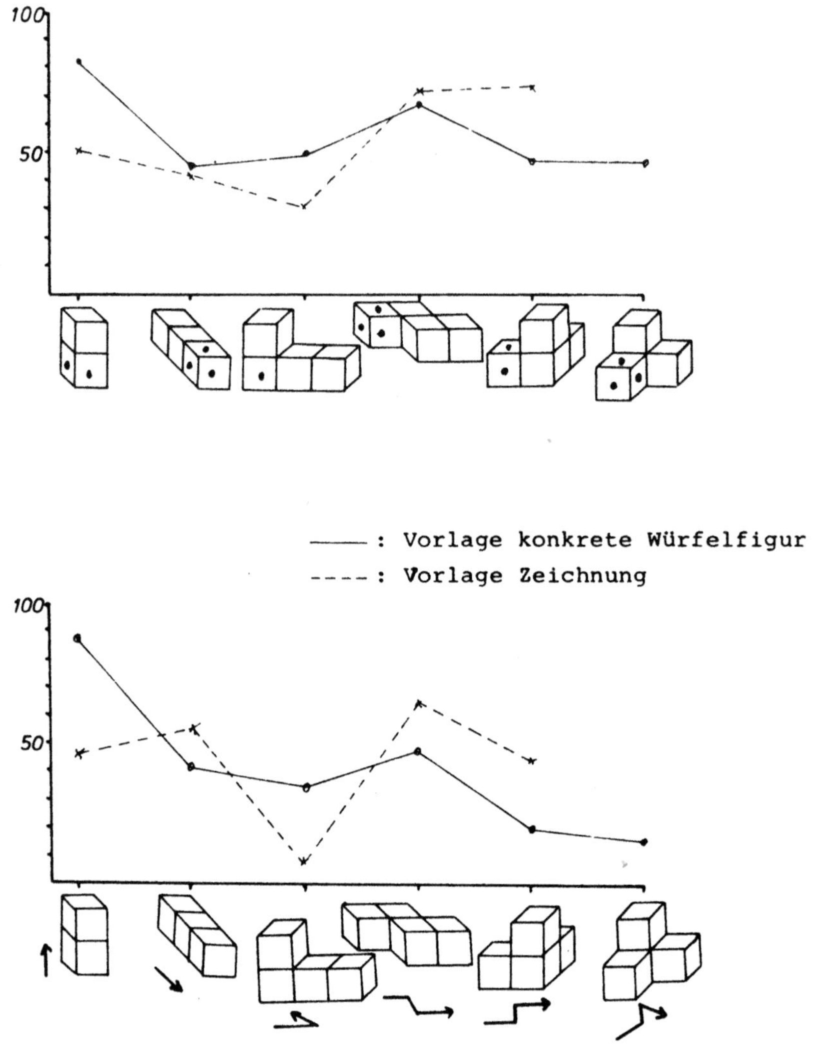

Abb. 96: Häufigkeiten der bei den Aufgaben W⟶P bevorzugten Anfangsplättchen (a) und Reihenfolgen (b) bei den Rekonstruktionen des Typs W⟶P sowie Z⟶P (Angaben in %)

Folgende Unterschiede sind festzustellen.

1. Der Anteil der Rekonstruktionen, die in einer im Aktivitätsbereich konkrete Würfel möglichen Bauweise durchgeführt werden, liegt bei der Wiedergabe der Würfelgebilde

   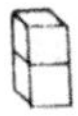 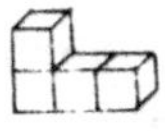 und 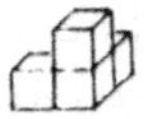

   mit 92 % um 10 % höher als in der Phase Z ⟶ P (vgl. 4.3.1, S. 97). Vor allem ein Vergleich der Ergebnisse zur Turmvorlage deutet darauf hin, daß die erhöhte Verwendung räumlich-adäquater Strategien in der Phase W ⟶ P eine Folge zunehmender Gewöhnung an das Arbeitsmaterial ist.

2. Die Bevorzugung der Reihenfolge, in der die Plättchen gelegt werden, ist bei den sich entsprechenden Aufgaben der Phasen Z ⟶ P und W ⟶ P teilweise sehr unterschiedlich. Offen bleibt, ob diese Erscheinung als Anzeichen einer verhältnismäßig großen Labilität der Vpn bei ihrer Vorgehensweise oder einer mit zunehmender Erfahrung sich ändernden Strategie anzusehen ist. Deutlich tritt jedoch auch bei der Wiedergabe konkreter Würfelkonfigurationen die Tendenz hervor, Figuren mit einer ausgeprägten Breitenausrichtung entsprechend der Schreibrichtung von links nach rechts zu reproduzieren.

b) Qualitative Analyse

Da die bei den Reproduktionen konkreter Würfelgebilde auftretenden Fehlertypen denen entsprechen, die bereits in 4.3.1 (Wiedergabe von Würfelzeichnungen) diskutiert wurden, wird an dieser Stelle auf eine allgemeine qualitative Analyse verzichtet.

Die angeführten Beispiele beschränken sich statt dessen auf die letzten beiden Aufgaben (Abb. 97).

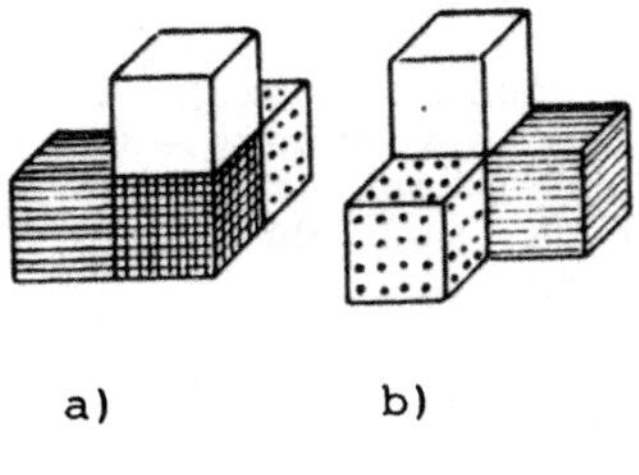

a) b)

Abb. 97

Diese unterscheiden sich nur durch eine Veränderung des Blickwinkels bei ein und derselben Würfelkonfiguration, die vom Vl nach der ersten Rekonstruktion durch eine Drehung der Vorlage um 180° vorgenommen wurde.

Auf folgende für diesen Untersuchungsabschnitt spezifische Aspekte soll dabei eingegangen werden:

1. verbale Äußerungen der Vpn darüber, ob eine jeweils gegenüber sitzende Vp das Gebilde genauso zu rekonstruieren hat wie sie selbst

2. die (enaktiven) Reaktionen der Vpn auf die vom Vl durchgeführte Drehung der Würfelfigur (Verhalten bei der Rekonstruktion)

3. insbesondere die Rekonstruktion der Würfelfigur in der Perspektive von Abb. 97 b, die das einzige Beispiel für eine Figur bildet, in der ein Würfel voll von anderen abgedeckt wird.

In den folgenden Beispielen sitzen jeweils zwei Vpn der dritten gegenüber; die Vorlage steht in der Perspektive von Abb. 97 a bzw. b vor den Vpn in der Mitte des Tisches.

<u>Beispiel 72:</u> Rachel und Olav sitzen gegenüber von Thorsten.
Vl: "Was meinst du denn, Rachel, muß der Thorsten desselbe haben wie du?"
Ra: "Nein"
Vl: "Warum denn nicht?"
Ra: "Weil jeder selber seins so machen muß, wie er es für sich selber richtig findet."
Vl: "Wenn ihr's alle richtig habt, müßt ihr es dann gleich haben? Nein? Warum nicht?"
Ra: "Sonst wäre das ja überhaupt nicht mehr interessant."

<u>Beispiel 73:</u> Andreas und Rainer sitzen gegenüber von Roland.
Vl: "Muß dein's genauso aussehen, wie das, was der Roland hat?" (zu Andreas)
An: "Ja"
Vl: "Warum muß das denn genauso aussehen?"
An: "Ja, weil das ... eine der andere, dann müssen sie doch alle abbauen."
Vl: "Roland, was meinst du, mußt du dasselbe haben wie der Andreas?
Sieht das genauso aus? Warum nicht?"
Ro: "Er kann auch mal so liegen (meint drehen), und ich kann dann ja so legen."
Vl: "Wenn ihr es beide richtig habt, muß das denn genau das gleiche sein?"

Ro: "Braucht nicht"
Vl: "Rainer, muß du das gleiche haben wie der Roland?"
Ra: "Nee"
Vl: "Nein? Warum denn nicht?"
Ra: "Ich kann das ja auch so sehen."
Er dreht sein Plättchen und meint, daß die Figur auch dann nocht richtig bleibt.

Beispiel 74: Ursula und Arno sitzen gegenüber von Claudia.
Vl: "Was meinst du, Ursula, mußt du genau das gleiche haben wie Claudia?"
Ur: "So herum steht's anders."
Vl: "Wie meinst du das?"
Ur: "Ja, hier herum steht's so, und da ist dann so eine Lücke."
Vl: "Was meinst du, Arno, muß die Claudia das gleiche haben wie die Ursula?"
Ar: "Ja"
Vl: "Warum muß das denn gleich aussehen?"
Ar: "Der Turm ist ja anders rum, wenn man den jetzt anders rum dreht, dann hätten ja Ursula und ich das falsch gemacht."
Vl: "Und so?"
Ar: "Haben wir's richtig und Claudia falsch."
Vl: "Claudia, hast du's falsch?"
Cl: "Nein"
Vl: "Nein?" Mußt du denn das gleiche haben wie die beiden anderen?"
Cl: "Ja"
Vl: "Wie kommt das denn, daß das verschieden aussieht?" (die Wiedergabe von Ursula und Claudia)
Ur: "Weil, das ist anders rum, wenn man das jetzt anders 'rum dreht, macht sie das, was wir machen."
Vl: "Was meinst du denn, Arno?"
Ar: "Finde ich auch."

Beispiel 75: Anne meint auf die Frage, ob sie das gleiche haben muß wie Hendrik: "Ja" - "Weil's ja die gleiche Mauer ist." Nachdem sie gesehen und erkannt hat, daß ihre Plättchenfigur anders aussieht als die von Hendrik, äußert sie auf die Frage des Vls, ob Hendrik es falsch gemacht hat: "Nein" - "Weil's die andere Seite von der Mauer ist."

Beispiel 76: Pia meint auf die Frage, ob Marc etwas anderes haben muß als sie selbst: "Hm" (zustimmend)
Vl: "Ja? Warum muß der Marc denn etwas anderes haben?"
Pi: "Weil er ja besser sehen kann, den grünen Klotz kann er besser sehen als wir, weil wir nur die Seite und das Stück da sehen."

Beispiel 77: Andrea und Stefanie sitzen gegenüber von Andreas. Andrea verneint die Frage des Vls, ob Andreas genau das gleiche haben muß wie sie, mit der Begründung: "Weil er ja von der anderen Seite bauen muß." Entsprechend reagieren anschließend die beiden anderen Vpn:
St: "Nein, der muß ja von der anderen Seite das machen"
As: "Die sehen ja den Turm von 'ner ganz anderen Seite, dann können die ja nicht dasselbe bauen wie ich, denn die sehen ja gar nicht, wie das hier so aussieht."

Die Beispiele 72 - 77 geben einige Reaktionen von Vpn hinsichtlich des auf S. 136 erstgenannten Aspektes wieder. Die sehr unterschiedlichen Äußerungen lassen sich im wesentlichen durch ihre Einordnung bezüglich zweier Fragestellungen kennzeichnen, von denen die eine sich auf den Informationsträger, die andere auf den Aktivitätsbereich bezieht.

1. Inwieweit erkennen die Vpn, daß jemand, der einen anderen Standort einnimmt, die Würfelkonfiguration anders sieht als sie selbst?
   (Dieser Aspekt entspricht im Prinzip der Situation beim Drei-Berge-Versuch von PIAGET (vgl. 23)

2. Halten die Schüler die Reproduktion der Würfelfigur mit Plättchen für eindeutig oder glauben sie, daß (von ihrem Standort aus) mehrere verschiedene Wiedergaben möglich und richtig sind?

Die Beispiele 72 und 73 stellen Situationen dar, in denen die Vpn offensichtlich der Ansicht sind, daß je nach subjektivem Empfinden mehrere (korrekte) Rekonstruktionsmöglichkeiten bestehen: "Weil jeder selber seins so machen muß, wie er es für sich selber richtig findet." - "Er kann auch mal so liegen (drehen), und ich kann dann ja so drehen." - "Ich kann das ja auch so sehen." Derartige Reaktionen legen die Interpretation nahe, daß diese Schüler die innere Struktur des Plättchenmaterials für ihre Rekonstruktionen als unwesentlich erachten. Offen bleibt, ob ein solcher Standpunkt auf eine rein ebene Interpretation der Plättchen zurückzuführen ist oder nur auf die noch fehlende Einsicht der Vpn in die Notwendigkeit hinweist, die projektiven Qualitäten der einzelnen Plättchen zu koordinieren, also einen bestimmten einheitlichen Blickwinkel auszuzeichnen.

Während sich die Äußerungen der Kinder in den Beispielen 72 und 73 fast ausschließlich auf den Aktivitätsbereich und nicht auf den Informationsträger beziehen, argumentieren die Vpn in den Beispielen 74 - 77 durchweg anhand der vorliegenden Würfelkonfiguration.

Die schwankenden, teils widersprüchlichen Aussagen der Kinder in den Beispielen 74 und 75 (Arno und Anne) weisen auf bestehende Unsicherheiten in zweierlei Richtung hin:

1. hinsichtlich des Perspektivenproblems bezogen auf die konkrete Figur (nach PIAGET auf die bei Kindern dieses Alters beginnende Dezentralisierung und Loslösung von egozentrischem Verhalten zurückzuführen)
2. hinsichtlich des Charakters der Plättchenwiedergabe, die keine "objektive" Reproduktion der Originalfigur ist, sondern von der gegenüber der Konfiguration eingenommenen räumlichen Position abhängig ist.

Das Zusammenwirken dieser beiden Faktoren dürfte eine Ursache für die verhältnismäßig große Zahl von Vpn (48 %) bilden, die entweder keine verwertbare oder eine nicht eindeutige Reaktion auf die entsprechende Frage des Vls zeigen.

Eine (einschließlich Begründung) korrekte Antwort wird dennoch von etwa 43 % aller Schüler gegeben (Beispiel 76 und 77). Diese Vpn lassen in ihren Reaktionen deutlich erkennen, daß ihnen sowohl die Abhängigkeit des visuellen Eindruckes von dem gegenüber der Konfiguration eingenommenen Blickwinkel als auch der Einfluß des Standortes auf die ebene Rekonstruktion der Vorlage bewußt ist.

<u>Beispiel 78:</u> Abb. 98 zeigt die Rekonstruktionen der Vorlage von Abb. 97 von Barbara.

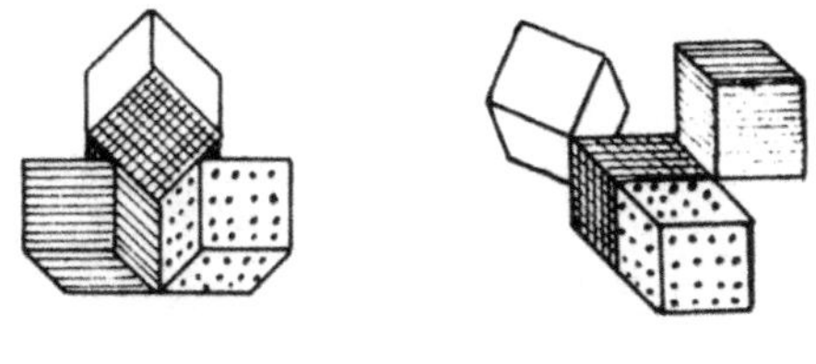

a) zu Abb. 97 a   b) zu Abb. 97 b

Abb. 98: Barbara

Beispiel 79: Jost rekonstruiert die Figur in Abb. 97 a wie in Abb. 99 a und beschränkt sich bei der anschließenden Wiedergabe der gedrehten Figur auf Veränderungen an der Lage des blauen () und grünen () Würfels, wobei er angibt, den roten () Klotz (in der konkreten Figur) sehen zu können (Abb. 99).

a) zu Abb. 97 a   b) zu Abb. 97 b

Abb. 99: Jost

Beispiel 80: Hendrik äußert sich mit seiner Wiedergabe der Würfelfigur von Abb. 97 b (Abb. 100 a) zufrieden. Nach Drehung der Vorlage vertauscht er das blaue () und das grüne () Plättchen (Abb. 100 b).

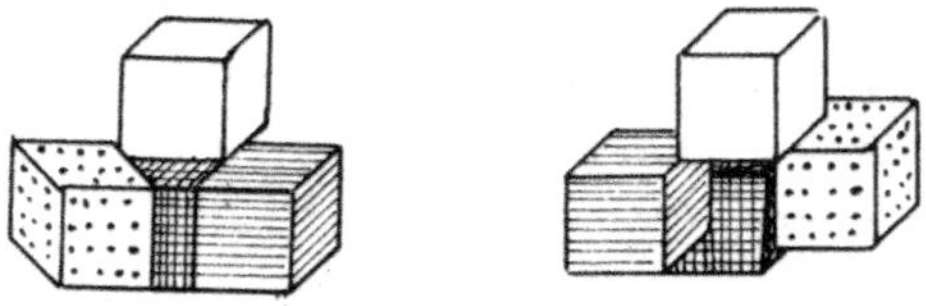

a) zu Abb. 97 b   b) zu Abb. 97 a

Abb. 100: Hendrik

Beispiel 81: Marc rekonstruiert die Würfelfigur von Abb. 97 a wie in Abb. 101 a: "Ganz genau sieht's aber nicht aus."
Nach Drehen der Figur bemerkt er zu seinem Neuansatz: "Ich mache einfach die gleiche Figur wie vorher, weil ich den roten jetzt ein bißchen sehe" (meint den Spalt zwischen den Würfeln) "Also ich laß den roten ein klein bißchen ... Fertig" (Abb. 101 b)

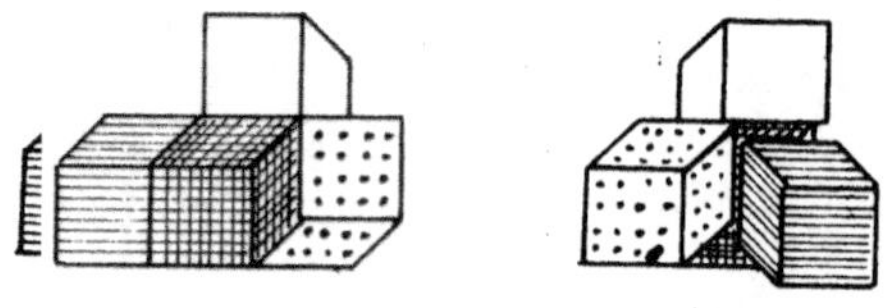

a) zu Abb. 97 a   b) zu Abb. 97 b

Abb. 101: Marc

Beispiel 82: Rainer bemerkt während seiner intensiven Versuche, die Figur von Abb. 97 b zu rekonstruieren (Abb. 102 a - d): "Schwierig, was?" - "Ja, hier so 'rum, nein" - "Mal gucken, ob ich's noch besser hinkriege. Ja, von dieser Seite, da muß irgend etwas Spitzes hinkommen. Aber wie?" - "So, das müßte doch irgendwie hinkommen. Nein! Hier, das liegt so schräg vor mir, ich weiß gar nicht, muß das jetzt so herum gemacht werden oder so? Muß das jetzt schräg gemacht werden oder gerade? Schräg geht's nicht! Dann mache ich gerade, gerade ganz einfach." ... "Ja, so ist's besser. Jetzt muß ich bloß wissen, wie ich den roten da rein schieben muß. So sieht es schon besser aus. Das hier muß ... so schräg geschiebt werden. Ja, so, das könnte hinkommen." ... "Nein, genau aussehen tut's nicht." - "Nein, das schaff' ich nicht."
Er kommt zu keiner befriedigenden Lösung. Nach Drehung der Figur äußert er: "Ich lasse mir Zeit, ich krieg's nämlich richtig hin. Oh nein!" (zu Abb. 102 e)
Vl: "Nicht richtig, Rainer?"
Ra: "Ganz und gar nicht"
...
Vl: "Sieht's genauso aus?" (Abb. 102 f)
Ra: "Ja. Ich hab's jetzt richtig.

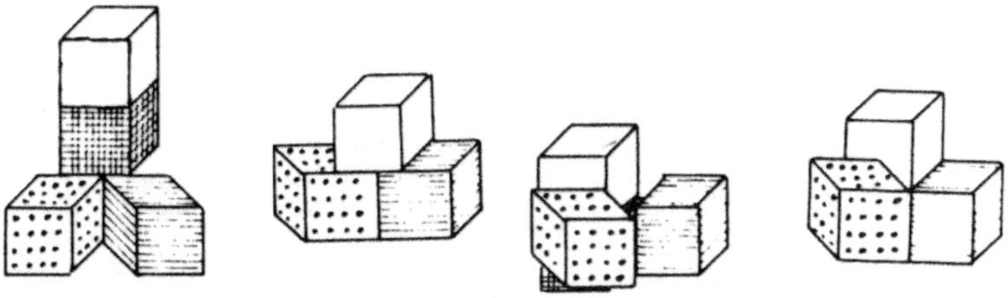

a) b) c) d)

zu Abb. 97 b

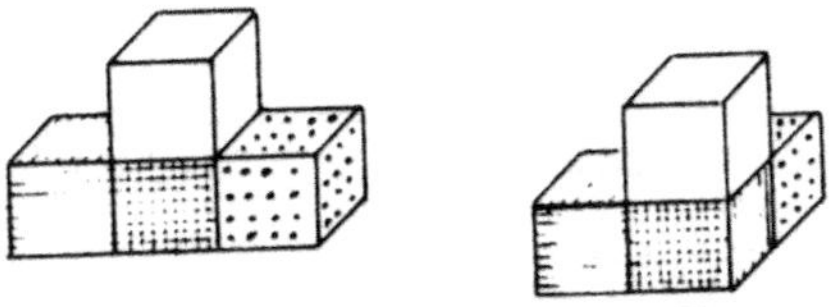

e) f)

zu Abb. 97 a

Abb. 102: Rainer

Beispiel 83: Stefanie gibt die Figur von Abb. 97 a wie in Abb. 103 a wieder. Bei der gedrehten Figur legt sie zunächst das blaue ( ), dann das rote ( ) Plättchen auf das blaue, legt das rote wieder beiseite und legt anschließend das grüne ( ) und das gelbe ( ) Plättchen, letzteres mit einer Korrektur (Abb. 103 b, c).

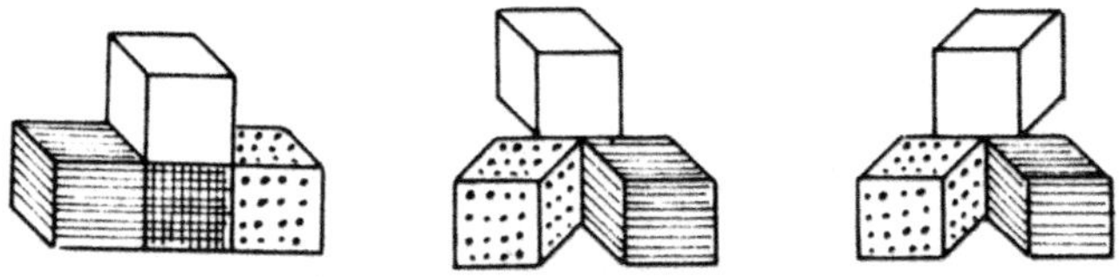

a) zu Abb. 97 a b) zu Abb. 97 b c) zu Abb. 97 b

Abb. 103: Stefanie

Beispiel 84: Anne hat bei der Rekonstruktion von Abb. 97 a Probleme mit dem grünen Würfel ( ): "Weil der dahinter ist." (Abb. 104 a, b). Die gedrehte Figur (Abb. 97 b) legt sie in einem Neuansatz wie in Abb. 104 c.

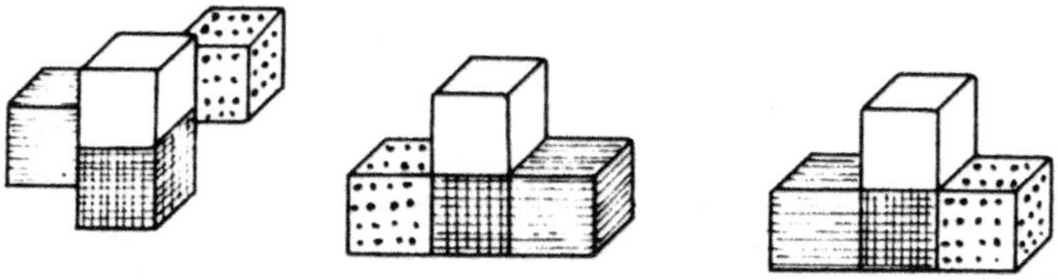

a) zu Abb. 97 a b) zu Abb. 97 a c) zu Abb. 97 b

Abb. 104: Anne

Beispiel 85: Arno rekonstruiert die Vorlage von Abb. 97 a korrekt in der -Perspektive, legt die Plättchen nach der Drehung der Figur wie in Abb. 105 und äußert sich damit zufrieden.

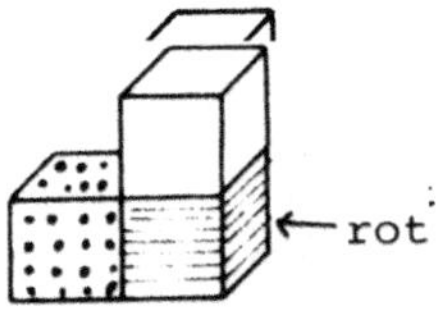

zu Abb. 97 b

Abb. 105: Arno

Beispiel 86: Mona legt die Vorlage von Abb. 97 b zunächst wie in Abb. 106 a, anschließend wie in Abb. 106 b, wobei sie eine zwischenzeitlich erreichte korrekte Lösung zerstört. Die gedrehte Figur (Abb. 97 a) legt sie sofort korrekt (Abb. 106 c).

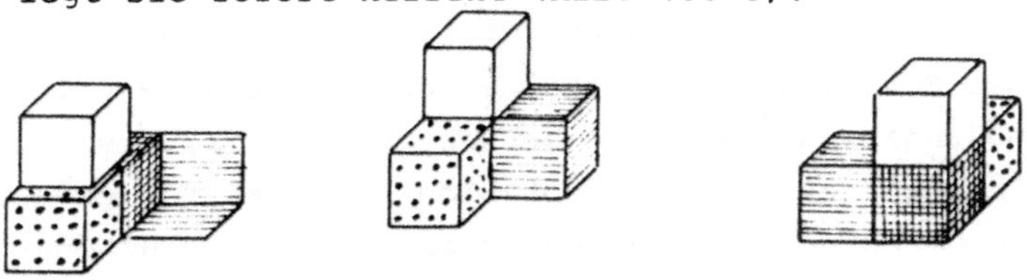

a) zu Abb. 97 b   b) zu Abb. 97 b   c) zu Abb. 97 a

Abb. 106: Mona

Beispiel 87: Thorsten rekonstruiert die Figur von Abb. 97 b, wie in Abb. 107 a, dreht nach der Drehung der Vorlage spontan auch seine Plättchenfigur und bemerkt: "Nein, geht aber nicht." In einem Neuansatz gibt er die Würfelfigur (Abb. 97 a) wie in Abb. 107 b wieder.

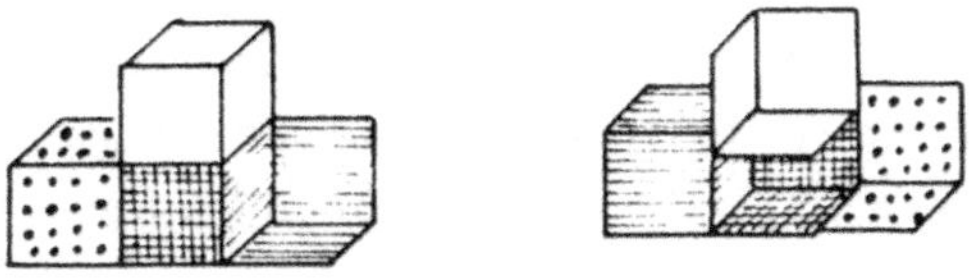

a) zu Abb. 97 b   b) zu Abb. 97 a

Abb. 107: Thorsten

Aufschlüsse über die beiden weiteren auf S. 136 angesprochenen Fragestellungen geben die Beispiele 78 - 87.

Aus ihnen lassen sich drei verschiedene Reaktionsweisen der Vpn auf die Drehung des Informationsträgers ablesen:

1. Das gedrehte Würfelgebilde wird in einem neuen Ansatz unter Zerstörung der erstgelegten Plättchenfigur rekonstriert (Beispiel 78, 81).
   Ein solches Verhalten stellt die weitaus häufigste Reaktion dar.

2. Die Wiedergabe der gedrehten Figur erfolgt durch einen Austausch der beiden Randplättchen ( und ) unter Beibehaltung der Lage der beiden mittleren Plättchen. (Beispiel 79, 80).

3. Die Drehung im Raum wird durch eine Drehung der Plättchenkonfiguration in der Ebene versuchsweise nachvollzogen (Beispiel 87).

Während das Verhalten von Thorsten (Beispiel 87) eindeutig auf einen Fehlschluß hinsichtlich der Übertragbarkeit räumlicher Bewegungen in der Ebene zurückzuführen ist, der bereits deshalb nicht zu einem akzeptablen Resultat führen kann, weil er eine Umkehrung der Anordnung bezüglich der Höhenausrichtung zur Folge hat, lassen sich die Beispiele, in denen ein Austausch von Plättchen vorgenommen wird, weniger klar interpretieren. Eine derartige Handlung läßt Deutungsmöglichkeiten in zweierlei Hinsicht zu. Sie könnte Ausdruck

- einer rationalen Vorgehensweise der Vp sein (Bestreben, mit möglichst geringem Aufwand die gedrehte Figur darzustellen)
- des Versuchs sein, den dynamischen Aspekt des Bewegungsvorganges auch in das Medium Plättchenmaterial zu übertragen,

wobei womöglich eine Synthese beider Aspekte - das Bestreben, die Vorlage in ihren durch den Drehvorgang wesentlichen Veränderungen darzustellen - ein solches Vorgehen am besten charakterisiert.

Die Rekonstruktionsleistungen der Vpn bei der konkreten Würfelvorlage von Abb. 97 a und b sollen an dieser Stelle nicht mehr hinsichtlich der grundsätzlichen Problematik vor allem der Tiefenkonstruktion diskutiert werden (vgl. dazu S. 114ff) sondern ausschließlich unter dem speziellen Gesichtspunkt der Wiedergabe eines im Informationsträger voll verdeckten Würfels betrachtet werden.

Auch hier ergeben sich teilweise sehr unterschiedliche Verhaltensweisen.

Bei einer Reihe von Vpn spielt die Frage, ob ein Würfel für sie sichtbar ist oder nicht, in ihren Rekonstruktionen keine entscheidende Rolle, sie nehmen eine deutliche visuelle Diskrepanz zwischen den Darstellungen im Informationsträger und im Aktivitätsbereich in Kauf. Eine solche Einstellung erscheint folgerichtig für Schüler, die in ihrer Plättchenreproduktion ein objektives (d. h. vom Standort unabhängiges) ebenes Äquivalent der Objektkonfiguration sehen, wie es offensichtlich bei Barbara (Beispiel 78) der Fall ist, die im wesentlichen nur die zwischen den Würfeln bestehenden topologischen Beziehungen berücksichtigt. Sie findet sich auch bei Kindern, welche die Tiefendimension nicht konstruktiv beherrschen und ein vollständiges Abdecken nur durch Verzicht auf bestimmte für sie herstellbare Teilkoordinierungen erreichen würden (Beispiel 84).

Für eine andere Gruppe von Vpn nimmt dagegen der Aspekt, daß ein Würfel nicht (kaum) zu sehen ist, eine zentrale Position ein.

So argumentieren Jost (Beispiel 79) und Marc (Beispiel 81) ausschließlich von ihrem realen visuellen Eindruck her, nach dem (wegen der Abrundungen an den Kanten der verwendeten Würfel) für sie der rote Würfel ansatzweise sichtbar ist und bemühen sich, gerade diese (bezüglich der Struktur des Aktivitätsbereiches irrelavante) Erscheinung auch auf ihre Rekonstruktionen mit dem Plättchenmaterial zu übertragen.

Dagegen besteht das zentrale Ziel für Stefanie (Beispiel 83), Arno (Beispiel 85) und Rainer (Beispiel 82) darin, die charakteristische Eigenschaft der Vorlage, daß ein Würfel von den anderen voll verdeckt wird, in ihren Reproduktionen wiederzugeben, indem etwa darauf verzichtet wird, das betreffende Plättchen überhaupt zu verwenden (Beispiel 83), oder dieses bereits von einem einzigen weiteren völlig bedeckt wird (Beispiel 85). Die Beispiele 82 und 83 deuten einen weiteren Proplemkreis an, auf den bereits in 4.2.1 bei der Diskussion des Aktivitätsbereiches konkrete Würfel eingegangen wurde. Während bei der konkreten Würfelfigur von Abb. 97 a eine eindeutige Fixierung und Zuordnung der verschiedenen Dimensionen besteht, ist die Festlegung der Breiten- und Tiefendimension (die bei einer Rekonstruktion in kavalierperspektivischer Darstellung notwendigerweise erfolgen muß) bei dem Würfelgebilde von Abb. 97 b weitaus weniger offensichtlich. Zum einen beinhaltet diese Konfiguration im Gegensatz zu der von Abb. 97 a keine ausgeprägte (d. h. sich über zumindest zwei Würfelseiten hinweg erstreckende) Horizontal- bzw. Schrägrichtung, zum anderen legt sie eine symmetrische Interpretation (analog zur zweiten Figur in Abb. 16, S. 32) nahe, bei der der blaue und grüne Würfel "gleichberechtigt" erscheinen. Die auffallend häufige symmetrische Anordnung des blauen und grünen Plättchens bei den Rekonstruktionen der Figur von Abb. 97 (Beispiel 80 - 83) könnte daher auf das Bestreben der Vpn zurückzuführen sein, den Gesichtspunkt der Symmetrie auch in ihrer Plättchenrekonstruktion deutlich werden zu lassen.

Eine weitere Analyse dieses Aspektes kann anhand des vorliegenden Untersuchungsmaterials nicht erfolgen; dazu wäre es erforderlich, Rekonstruktionsleistungen bei Aufgabenstellungen gezielt zu untersuchen, in denen die Symmetrie ein wesentliches Merkmal des Informationsträgers bildet (etwa bei Vorgabe von Würfelzeichnungen in vogelperspektivischer Darstellung).

c) Zusammenfassung

Bei der Analyse der Rekonstruktionsleistungen konkreter Würfelgebilde interessieren vor allem zwei Aspekte: zum einen die Frage nach eventuellen Abhängigkeiten von dem zugrunde liegenden Informationsträger, zum anderen die Aktivitäten der Vpn im Zusammenhang mit der vom Vl durchgeführten Drehung der Würfelvorlage bei der letzten Konfiguration.

Ein Vergleich mit den Reproduktionen der entsprechenden zeichnerisch vorgegebenen Würfelgebilde ergibt keine Anzeichen für einen wesentlichen Einfluß des Informationsträgers auf die Rekonstruktionsleistungen. Dagegen läßt sich eine allmähliche, aber überaus deutliche Tendenz zur Bevorzugung der 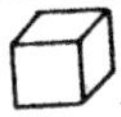 -Perspektive gegenüber der 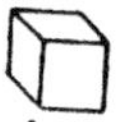 -Perspektive feststellen, für die das vorliegende Untersuchungsmaterial keine Erklärung liefert. Die dominierenden Strategietypen entsprechen denen, die in 4.3.1 aufgeführt sind, jedoch bestehen bei den einzelnen Aufgaben teilweise erheblich Abweichungen.

Auf die Frage, ob die eigene Reproduktion mit der einer gegenüber sitzenden Vpn übereinstimmen muß, reagieren die Vpn sehr unterschiedlich. Einige Kinder halten verschiedene Darstellungsformen unabhängig vom Blickwinkel für gleichermaßen korrekt (konsequente Reaktion bei Beachtung vorwiegend topologischer Qualitäten), andere bejahen die Frage mit der Begründung, daß die Vorlage jeweils die gleiche ist (egozentrisches Verhalten nach PIAGET), die meisten Schüler erkennen hingegen den Einfluß des Blickwinkels auf die Plättchenwiedergabe oder geben keine eindeutig zu interpretierende Äußerung.

Auch die enaktiven Reaktionen auf die Drehung der Würfelvorlage sind sehr differierend. Zu beobachten sind drei Verhaltensweisen: der Versuch, die Drehung im Raum entsprechend durch eine (inadäquate) halbe Drehung mit der Plättchenfigur nachzuvollziehen, der Austausch der beiden Randplättchen unter Beibehaltung des mittleren Teiles der Figur und ein völliger Neuansatz bei der Rekonstruktion der gedrehten Vorlage. Die letztere Strategie wird von dem größten Teil der Vpn durchgeführt.

Die beiden erstgenannten Reaktionsweisen deuten auf ein grundlegendes Problem beim Umgang mit dem Plättchenmaterial hin, welches einen entscheidenden Nachteil bei einem Einsatz als didaktisches Material darstellt. Die Bewegungen, die mit Plättchen möglich und sinnvoll sind, sind in hohem Maße spezifisch für dieses Medium und entsprechen insbesondere nicht den Bewegungen, die im üblichen dreidimensionalen Raum durchgeführt werden können, ohne daß die bewegte Konfiguration in ihrer Substanz geändert wird.

4.4 Aktivitätsbereich Zeichnung

Zeichnerische Reproduktionen wurden an drei Stellen der Untersuchung gefordert; im einzelnen

1. die zeichnerische Darstellung eines einzelnen konkreten Würfels zum Abschluß von US 1, zu einem Zeitpunkt also, zu dem die Vpn bereits Würfelzeichnungen mit konkreten Würfeln nachgebaut, jedoch noch nicht mit dem Plättchenmaterial gearbeitet hatten
   ($W \longrightarrow Z_1$)

2. die zeichnerische Wiedergabe eines Plättchens in US 5, nachdem sämtliche Aktivitäten mit dem Plättchenmaterial abgeschlossen waren
   ($P \longrightarrow Z$)

3. eine erneute zeichnerische Darstellung eines konkreten Würfels zum Abschluß der Untersuchung in US 5 im Anschluß an die Plättchenwiedergabe
($W \longrightarrow Z_2$)

Die drei Zeichenaktivitäten werden in diesem Abschnitt entsprechend obiger Reihenfolge diskutiert. Im Unterschied zu 4.2 und 4.3 wird zum Abschluß von 4.4 eine Gesamtzusammenfassung gegeben.

4.4.1 Rekonstruktion eines Würfels

Die folgende Analyse beschränkt sich auf die erste der beiden Rekonstruktionen konkreter Würfel. Ein Vergleich mit der zweiten Würfelzeichnung, bei der im Gegensatz zur ersten die Möglichkeit deutlicher auf die Untersuchung zurückzuführender Schulungseffekte besteht, wird in 4.4.3 vorgenommen.

Da keine Prozeßvariablen systematisch erhoben wurden (s. S. 44), muß sich die Diskussion der zeichnerischen Darstellungen von Einzelfällen abgesehen, in denen auch Aspekte der Vorgehensweise festgehalten wurden, allein auf die Endprodukte und verbalen Äußerungen beschränken.

a) <u>Quantitative Analyse</u>

Um eine quantitative Übersicht über die Leistungen zu ermöglichen, wurde eine Einteilung der Zeichnungen in die folgenden Kategorien vorgenommen (Abb. 108).

Typ[37]	Beschreibung	Beispiele[38]
1	Quadrat, Rechteck	
2 A	mehrere Quadrate, Rechtecke	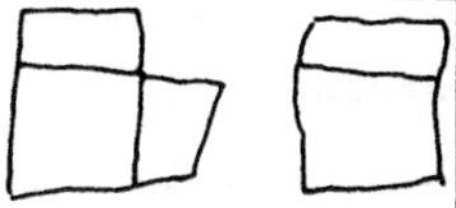
2 B	mehrere Formen incl. Schrägfiguren, keine Tiefenwirkung	
3 A	mehrere Formen incl. Schrägfiguren, leichte Tiefenwirkung	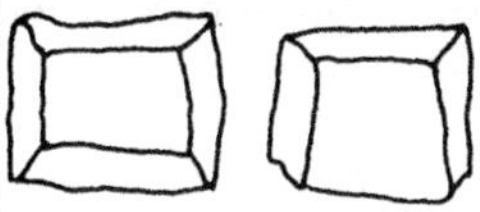
3 B	perspektivisch annähernd korrekt, deutliche Tiefenwirkung	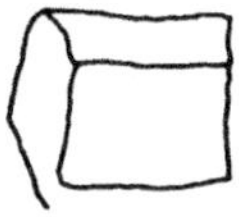
4	perspektivisch korrekt	
S	Sonstiges	

Abb. 108: Klassifizierung der zeichnerischen Rekonstruktionen

Gemäß der Klassifizierung von Abb. 108 ergibt sich für die erste zeichnerische Wiedergabe eines Würfels die in Tab. 7 dargestellte Häufigkeitsverteilung.

Tab. 7: Häufigkeitsverteilung der Leistungen bei der Aufgabe W $\longrightarrow Z_1$

Typ	1	2 A	2 B	3 A	3 B	4	S
gesamt	33	13	2	5	2	-	1
starke Vpn	6	4	2	4	2	-	1
schwache Vpn	17	2	-	-	-	-	-

Die Ergebnisse bestätigen die für diese Altersstufe vorliegenden Befunde (vgl. 2.2.2).

1. Über 85 % der Vpn geben eine eindeutig ebene Rekonstruktion des Würfels, keinem Kind gelingt eine perspektivisch korrekte Darstellung.

2. Mehr als die Hälfte (59 %) der Vpn geben den Würfel als Quadrat wieder; diese Art der Darstellung erweist sich somit als eindeutig dominierend.

3. Die aufgrund des Vortestergebnisses als schwach eingestuften Schüler zeichnen den Würfel fast ausschließlich als Quadrat; dagegen entfallen fast alle Darstellungen mit Tiefeneindruck auf die Gruppe der starken Schüler. Dies entspricht einer Interpretation obiger Darstellungstypen als Entwicklungsstufen.

Die relativ geringe Streubreite der Leistungen deutet darauf hin, daß es sich bei der zeichnerischen Reproduktionsfähigkeit bezüglich räumlicher Gebilde um ein im Alter von 6 - 8 Jahren noch recht stabiles Konzept handelt. Die Frage nach dem Ursprung und Wesen von Darstellungen wie in Abb. 108 soll anhand von Einzelbeispielen näher untersucht werden.

b) Qualitative Analyse

Beispiel 88: Frank legt den Würfel auf das Blatt und umrandet ihn, zeichnet also ein Quadrat.
Vl: "Schwer?"
Fr: "Wenn man ihn so nimmt nicht"[39)]

Beispiel 89: Roland zeichnet ein Quadrat, bemerkt: "Oh, das ist falsch." Er zeichnet in einem neuen Versuch wiederum ein Quadrat und meint im Hinblick auf die Seitenflächen: "Dies hier hab' ich vergessen. Hier da fehlt noch was."

Beispiel 90: Jutta unternimmt drei Versuche, den Würfel wiederzugeben (Abb. 109) und bemerkt: "Besser kann ich es nicht machen."

a) b) c)

Abb. 109: Jutta

Beispiel 91: Katharina meint zu ihren Rekonstruktionsansätzen (Abb. 110): "Ja, so sieht man ja den Würfel auch. Wenn du das so hinlegst." (den Würfel mit einer Kante nach vorne)

a) b)

Abb. 110: Katharina

Beispiel 92: Ferdinand meint zu seiner Figur (Abb. 111): "Ich hab' zwar einen bißchen durchsichtigen, aber ist ja auch nicht schlimm."

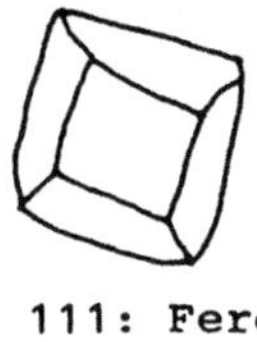

Abb. 111: Ferdinand

Diese Beispiele zeigen, daß durchaus nicht alle Vpn mit ihren Zeichnungen voll einverstanden sind. So bemüht sich Jutta (Beispiel 90) offensichtlich darum, eine Tiefenwirkung zustande zu bringen (2. Versuch), scheitert jedoch und begnügt sich mit einer rein ebenen Darstellung. Ähnliches läßt sich auch von Roland (Beispiel 89) auf einer etwas früheren Stufe feststellen.

Solche Zeichen von Unzufriedenheit treten allerdings nur selten auf; die weitaus meisten Kinder zeigen sich mit ihren Leistungen durchaus einverstanden, wobei offen bleibt, ob sie ihre (vorwiegend quadratischen) Reproduktionen für die einzig mögliche und sinnvolle halten oder vielleicht diese aus dem Wissen heraus wählen, zu keiner "besseren" Wiedergabe in dem Medium Zeichnung fähig zu sein.

Genauere Aufschlüsse über den Charakter solcher Zeichnungen geben vor allem die Beispiele 88, 91 und 92.

Die Vorgehensweise von Frank (Beispiel 88) zeigt deutlich, daß sein Quadrat keineswegs aus der bewußten Beachtung einer bestimmten (der frontalen) Perspektive heraus entstanden ist. Nicht zu klären ist an dieser Stelle, inwieweit er die reine Oberflächenstruktur des Würfels wiedergeben will oder den Würfel bei seiner Strategie als Hilfsmittel benutzt, um ein Konzept, das er mit dieser Figur verbindet, zu verdeutlichen. Um diese Frage zu beantworten, müßten Rekonstruktionsversuche auch anderer geometrischer Körper analysiert werden.

Im Gegensatz zu Frank bringt Katharina (Beispiel 91) in ihrer Zeichnung eine Eigenschaft des Würfels ("Kante") zum Ausdruck, die sie, wie ihre Äußerungen zeigen, in Verbindung mit einer bestimmten Ansicht des Würfels sieht. Bei ihr liegt das Problem eindeutig darin, daß sie nicht über die nötigen Mittel verfügt, die Figur unter Beachtung der Perspektive in der Zeichenebene adäquat wiederzugeben.

Ferdinand (Beispiel 92) wiederum gelingt es zwar, die Tiefenausdehnung des Würfels in seine Zeichnung umzusetzen - er interpretiert seine Wiedergabe selbst als räumlich -; bei ihm vermißt man hingegen die Auszeichnung eines bestimmten Blickwinkels.

Diese Beispiele deuten an, daß zeichnerische Darstellungen räumlicher Gebilde offenbar individuell verschiedenartige Gesichtspunkte im Zusammenhang mit dem dargestellten Objekt repräsentieren können. In derartigen Produkten spiegeln sich unter anderem die folgenden - in unterschiedlicher Weise zusammenwirkenden - Aspekte wieder:

1. die Wahrnehmung des Objektes aus einer subjektiven Position heraus.
2. (verinnerlichte) Konzepte und Vorstellungen bezüglich des Objektes
3. Darstellungsmöglichkeiten, die im Aktivitätsbereich Zeichnung gesehen bzw. beherrscht werden

Vor allem auf den Zusammenhang der beiden letztgenannten Punkte wird in dem folgenden Abschnitt näher eingegangen.

4.4.2 Rekonstruktion eines Plättchens

Während dieser Rekonstruktionsphase lag vor jeder Vp jeweils ein Plättchen in der 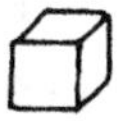 -Perspektive auf dem Tisch.

a) Quantitative Analyse

In Tab. 8 ist die Häufigkeitsverteilung der Leistungen bezogen auf die Klassifizierung von Abb. 108 (S. 149) dargestellt.

Tab. 8: Häufigkeitsverteilung der Leistungen bei der Aufgabe P ⟶ Z

Typ	1	2 A	2 B	3 A	3 B	4	S
gesamt	10	4	2	10	15	7	8
starke Vpn	1	-	-	2	4	6	5
schwache Vpn	7	3	1	1	4	-	3

Erwähnenswert sind vor allem die folgenden Erscheinungen.

1. Der Anteil der Quadratrekonstruktionen geht gegenüber der ersten Würfelreproduktion zwar deutlich zurück, liegt jedoch auch hier noch bei 18 %.
2. Der Anteil der Zeichnungen mit Tiefenwirkung steigt von 13 % auf 57 %.
3. Über 14 % der Vpn verwenden eine Darstellung, die nicht in die üblichen Kategorien einzuordnen ist.
4. Wie bei der Würfelrekonstruktion zeigen sich auch hier deutliche Unterschiede zwischen den starken und den schwachen Schülern. Während nur ein Schüler der ersten Gruppe eine ebene Darstellung verwendet, gelingt keinem der schwachen Vpn eine korrekte Wiedergabe.

Insgesamt zeigen sich also deutliche, über alle Leistungsgruppen hinweg feststellbare Veränderungen in der Struktur der Zeichnungen ("Verbesserungen") gegenüber der ersten Wiedergabe eines konkreten Würfels.

Als Ursache hierfür sind zum einen Schulungseffekte durch die zwischenzeitlich erfolgten räumlichen Aktivitäten in den anderen beiden Medien und zum anderen Abhängigkeiten der Leistung von dem zugrunde liegenden Informationsträger denkbar.

Wie die in 4.4.3 durchgeführte Analyse der zweiten Würfelzeichnung, die im unmittelbaren Anschluß an die Plättchenreproduktion erfolgt, jedoch zeigt, sind durch Schulung bedingte Auswirkungen auszuschließen. Als alleiniges erklärendes Moment muß somit der Einfluß der Plättchenvorlage angesehen werden, der im Gegensatz zum konkreten Würfel die Informationen, die bei der Rekonstruktion zu berücksichtigen sind, bereits genau aufgeprägt sind.

Nähere Aufschlüsse ergibt auch hier die Analyse von Einzelbeispielen.

b) <u>Qualitative Analyse</u>

<u>Beispiel 93:</u> Marcel gibt das Plättchen als Quadrat wieder und zeigt sich damit zufrieden.

<u>Beispiel 94:</u> Marc äußert während seiner drei Versuche (Abb. 112): "So ganz genau ist es auch nicht. Das muß hier ein bißchen weg. - Schon wieder so eine Ecke. - Endlich"

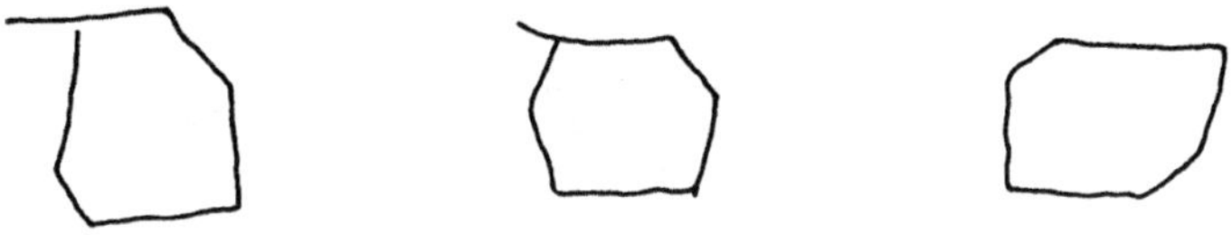

a) b) c)

Abb. 112: Marc

<u>Beispiel 95:</u> Eckart bemerkt zu seinen drei Ansätzen (Abb. 113): "Bloß nicht so rechteckig. - Nein, da ist die Ecke zu weit da. - So ist es besser."

a) b) c)

Abb. 113: Eckart

<u>Beispiel 96:</u> Mona setzt insgesamt fünfmal an, bevor sie zu einer Lösung kommt (Abb. 114).

a) b) c) d) e)

Abb. 114: Mona

Beispiel 97: Stefanie benötigt drei Ansätze (Abb. 115).

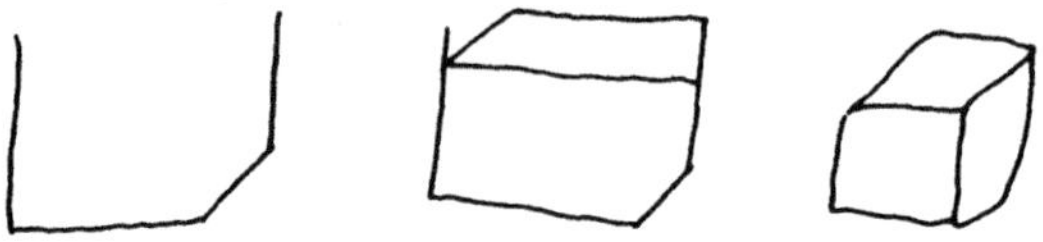

a) b) c)

Abb. 115: Stefanie

Beispiel 98: Nicole meint zu ihren Zeichnungen (Abb. 116): "Wenn es etwas gerader wäre, dann könnte ich es vielleicht etwas besser."

a) b)

Abb. 116: Nicole

Bei einer qualitativen Analyse der Plättchenreproduktionen ergeben sich zwei deutliche Kategorien, die sich hinsichtlich des Charakters der Zeichenleistungen unterscheiden.

Einige Vpn zeichnen das, "was sie sich vorstellen". Vertreter dieser Gruppe sind offensichtlich die Kinder, die das Plättchen als Quadrat wiedergeben (Beispiel 93). Eine solche Reproduktion erscheint unter der Annahme, daß die ebene Struktur des Plättchens ausgedrückt werden soll, unwahrscheinlich; sie wird erst verständlich als Darstellung eines wesentlichen Merkmals des Würfels bzw. des Plättchens in seiner räumlichen Interpretation. Die Frage, ob auch Kinder mit einer räumlichen Plättchendarstellung zu dieser Kategorie zu zählen sind, wird weiter unten noch angesprochen.

Andere Vpn zeichnen dagegen eindeutig das, "was sie sehen". Diese Gruppe läßt sich wiederum in zwei Klassen einteilen: in Schüler, die sich darauf beschränken, den Umriß des Plättchens wiederzugeben (Beispiel 94 und 95), und in Schüler, die versuchen, die für eine räumliche Interpretation entscheidenden Linienzüge darzustellen (Beispiel 96 - 98).

Erstere sind genau die (8) Vpn, die bei der quantitativen Analyse unter Typ S aufgeführt sind (vgl. 3. auf S. 154). Für sie liegt das Wesentliche des Plättchens in seiner sechseckigen Form; die Eigenschaften, die den räumlichen Charakter ausmachen, spielen - unter der Instruktion, genau das gleiche nachzuzeichnen - nur eine untergeordnete oder überhaupt keine Rolle.

Im Unterschied dazu bringen die Zeichnungen etwa von Mona, Stefanie oder Nicole auch den projektiven Aspekt der Plättchenfigur zum Ausdruck. Die jeweils vorangegangenen Fehlversuche machen jedoch deutlich, daß diese Kinder allein versuchen, das Linienmuster zu reproduzieren, also eine "ebene Strategie" verwenden. Ihre offensichtlichen Schwierigkeiten bestehen demzufolge, wie z. B. auch aus der Äußerung von Nicole hervorgeht, darin, die der perspektivischen Darstellung auferlegte euklidische Struktur reproduzierend zu beherrschen, liegen also - ganz abgesehen von dem Problem der Umsetzung der Projektivität in die Zeichenebene, die zwar hier, nicht jedoch bei Reproduktionen eines Würfels umgangen werden kann - bereits in den Anforderungen des Mediums Zeichnung begründet.

Die Frage, ob diese Strategie auch den anderen (annähernd) korrekten Reproduktionen zugrunde gelegt werden kann, ob also die festgestellte Verbesserung der Leistungen gegenüber der Würfelrekonstruktion allein auf die Möglichkeit, mit Hilfe einer ebenen Vorgehensweise die projektive Struktur herzustellen, zurückzuführen ist, oder etwa auch auf eine durch das "Sehen" bewirkte Aktivierung der für eine perspektivische Darstellung benötigten projektiven Schlüssel, läßt sich aufgrund des vorliegenden Untersuchungsmaterials nicht schlüssig beantworten. Um hier genauere Aufschlüsse zu gewinnen, wären systematische Beobachtungen auch während des Zeichenprozesses (v.a. hinsichtlich der Reihenfolge, in der die einzelnen Linien gezeichnet werden, und der Intensität des Blickkontaktes zur Vorlage) erforderlich gewesen.

4.4.3 Schulungsauswirkungen

Eventuelle Schulungseffekte sollten anhand der zum Abschluß der Untersuchung durchgeführten zweiten Würfelrekonstruktion festgestellt werden.

Derartige Auswirkungen könnten bewirkt werden

- durch die zwischenzeitlichen Aktivitäten in den beiden anderen eingesetzten Medien
- durch die unmittelbar vorangegangene Rekonstruktion eines Plättchens im gleichen Aktivitätsbereich.

a) <u>Quantitative Analyse</u>

Die Ergebnisse der zweiten Würfelzeichnung sind in Tab. 9 dargestellt.

Tab. 9: Häufigkeitsverteilung der Leistungen bei der Aufgabe $W \longrightarrow Z_2$

Typ	1	2 A	2 B	3 A	3 B	4	S
gesamt	30	18	1	5	1	-	1
starke Vpn	5	7	2	3	-	-	1
schwache Vpn	13	5	1	-	-	-	-

Es zeigt sich:

1. Die Veränderungen gegenüber der ersten Würfelzeichnung sind nur unwesentlich; Schulungsauswirkungen demnach nicht eingetreten.
2. Auch die Verteilungen innerhalb der beiden Extremgruppen haben sich nur geringfügig geändert, insgesamt jedoch ein wenig einander angenähert.

Die im Laufe der Untersuchung durchgeführten Aktivitäten mit den Plättchen und konkreten Würfeln auf der Basis der Informationsträger Zeichnung, Plättchenmaterial und konkrete Würfel haben sich demnach als unwirksam im Hinblick auf eine Schulung im Aktivitätsbereich Zeichnung herausgestellt. Die grundsätzliche Frage nach der Schulbarkeit dieser Fähigkeit bei 6 - 8jährigen Kindern kann aufgrund dieser Ergebnisse natürlich nicht verneint werden; vielmehr lassen sich unter dem in 2.1 dargestellten theoretischen Ansatz einige Anhaltspunkte angeben, welche die eingesetzten "Schulungsmaßnahmen" (der Aspekt der Schulung spielte bei der Planung der Sequenzen keine Rolle) als nicht unbedingt geeignet erscheinen lassen. So erfordern die mit Plättchen und konkreten Würfeln durchzuführenden Handlungen bezogen auf einen einzelnen Würfel (bzw. seine ebene Darstellung) nur die Berücksichtigung von Informationen, welche dessen perspektivische Ausrichtung und die Zuordnung von Seitenflächen betreffen; die für eine zeichnerische Konstruktion entscheidenden Informationen werden etwa beim Umgang mit den Plättchen kaum aktiv angesprochen, da sie dem Material bereits aufgeprägt sind.

Es ist denkbar, daß eine Schulung der perspektivischen Darstellungsform bei Kindern dieses Alters - wenn überhaupt - nur durch ein "Training" anhand von Aufgabenstellungen erreicht werden kann, die sich (wie z. B. die des Typs P $\longrightarrow$ Z) als konstruktiv hinsichtlich des angestrebten Konzeptes erweisen, also unmittelbar auf die angestrebte Fähigkeit zugeschnitten sind.

b) <u>Qualitative Analyse</u>

Da eine Diskussion von Einzelbeispielen keine gegenüber 4.4.1 neuen Gesichtspunkte liefert, wird an dieser Stelle auf eine qualitative Analyse verzichtet.

4.4.4 Zusammenfassung

Die Analyse des Aktivitätsbereiches Zeichnung bezieht sich auf je eine in der Anfangsphase und zum Abschluß der Untersuchung durchgeführte Wiedergabe eines konkreten Würfels sowie die Rekonstruktion eines Plättchens.

Die Resultate zum Informationsträger konkrete Würfel ergeben in Übereinstimmung mit anderen vorliegenden Befunden eine eindeutige Bevorzugung des Quadrats als Darstellungsform, während Rekonstruktionen, in denen eine Tiefenwirkung erzielt wird, die Ausnahme bilden. Das diesen Zeichenleistungen zugrunde liegende Konzept erweist sich als ausgesprochen stabil; weder der konstruktive Umgang mit dem Plättchenmaterial noch die der zweiten Wiedergabe eines konkreten Würfels vorangegangene Rekonstruktion eines Plättchens führt zu wesentlichen Veränderungen.

Dagegen bewirkt ein Wechsel des Informationsträgers (Plättchen statt konkrete Würfel) eine deutliche "Verbesserung" der Zeichenleistungen im Sinne einer perspektivischen Darstellungsweise. Diese Veränderungen sind zumindest teilweise auf den Einsatz einer "ebenen" Rekonstruktionsstrategie (Wiedergabe des das Plättchen kennzeichnenden Linienmusters) zurückzuführen, können also kaum als Anzeichen einer unter geeigneten Bedingungen konstruktiven zeichnerischen Beherrschung der für die perspektivische Darstellung räumlicher Objekte erforderlichen projektiven Schlüssel gewertet werden. Auch hier treten jedoch (mit Reproduktionen als Quadrat) Darstellungen auf, die auf eine "räumliche" Interpretation der Plättchenvorlage beim Rekonstruktionsvorgang schließen lassen.

Fehlversuche mehrerer Vpn mit einer "ebenen" Strategie bei der Plättchenwiedergabe weisen darauf hin, daß bei 6 - 8jährigen Kindern vielfach noch Schwierigkeiten bestehen, die in einer ebenen Würfeldarstellung enthaltenen euklidischen Relationen zeichnerisch zu reproduzieren. Die hohen Anforderungen die der Aktivitätsbereich Zeichnung bereits in seiner "technischen" (ebenen) Handhabung stellt, unterstreichen die Annahme, daß die zeichnerischen Darstellungen räumlicher Objekte bei Kindern der hier betrachteten Altersstufe weniger Ausdruck verinnerlichter Konzepte als vielmehr der Möglichkeiten sind, die ihnen beim Umgang in diesem Medium zur Verfügung stehen.

4.5 Zusammenhang zwischen den Aktivitätsformen

In diesem Abschnitt erfolgt eine Analyse der Beziehungsstruktur, die zwischen den Leistungen in verschiedenen im Rahmen der Untersuchung eingesetzten Aufgabentypen besteht.

Berücksichtigt werden dabei die Leistungen (gemessen durch die entsprechenden Summenwerte[40)]) bezüglich der folgenden sieben Aktivitätsarten.

- VT : Vortest (gesamt)
- NT : Nachtest (gesamt)
- $Z \rightarrow W$: Nachbauen von Würfelzeichnungen mit konkreten Würfeln (US 1)
- $Z \rightarrow P_1$: Nachlegen von Würfelzeichnungen mit dem Plättchenmaterial bei den Aufgaben mit eingeplanten Hilfestellungen (US 2, Leistung vor Hilfestellung 2)
- $Z \rightarrow P_2$: Nachlegen von Zeichnungen bei den Aufgaben ohne eingeplante Hilfestellungen (Phase $Z \rightarrow P$ / $P \rightarrow W$ in US 3, 4)
- $Z, W \rightarrow P$: Nachlegen von Zeichnung und konkreter Würfelfigur (Phase $Z \rightarrow W \rightarrow P$ in US 3)
- $W \rightarrow P$: Nachlegen konkreter Würfelgebilde (US 4)

Nicht aufgenommen in die Zusammenhanganalyse sind

1. die Rekonstruktionen mit dem Aktivitätsbereich Zeichnung wegen der kaum vorhandenen Leistungsdifferenzierung (vgl. 4.4) und
2. die Reproduktionen falscher Plättchenvorlagen mit konkreten Würfeln aufgrund der dort bestehenden Problematik einer Leistungsbewertung (vgl. 4.2.2).

In der Matrix von Abb. 117 sind die sich zwischen den oben aufgeführten Variablen ergebenden Korrelationen dargestellt. Da bei den Testergebnissen die Normalverteilungsannahme nicht gerechtfertigt ist (vgl. 4.1) und die Leistungsbewertung beim Aktivitätsbereich Plättchen nicht auf einer Intervallskala erfolgt, wurden (verteilungsunabhängige) Rangkorrelationen berechnet.

	VT	NT	Z → W	Z → P_1	Z → P_2	Z,W → P	W → P
VT		.45	.20	.32	.24	.15	.21
NT			.39	.22	.26	.20	.34
Z → W				.48	.41	.34	.39
Z → P_1					.66	.66	.47
Z → P_2						.84	.79
Z, W → P							.72
W → P							

○ : signifikant auf dem Niveau p = 0,001

——— : signifikant auf dem Niveau p = 0,05

Abb. 117 : Spearman - Rangkorrelationen zwischen den Leistungen in den verschiedenen Aktivitätsformen

Wie zu erwarten, ergeben sich ausschließlich positive Korrelationen, die bis auf wenige Ausnahmen statistisch signifikant sind. Die stark unterschiedliche Höhe der Korrelationswerte deutet jedoch darauf hin, daß die Anforderungen, die in den jeweiligen Aufgabentypen gestellt werden, einen keineswegs homogenen Bereich bilden.

Um einen Überblick über die Struktur der Zusammenhänge zu gewinnen, die zwischen den verschiedenen Aktivitätsformen bestehen, wurde auf der Basis der Korrelationstafel von Abb. 117

eine Cluster-Analyse durchgeführt.

Bei der Cluster-Analyse handelt es sich um ein Verfahren, bei dem ausgehend von Ähnlichkeitsmaßen (wie etwa Korrelationen) nach bestimmten Algorithmen sukzessive je zwei Variable oder bereits gebildete Variablengruppen zu einer neuen Gruppe zusammengefaßt werden. Das Kriterium, nach dem derartige Gruppierungen erfolgen, beruht auf dem verwendeten Ähnlichkeitsmaß; es werden zunächst die Variablen, zwischen denen die größte Ähnlichkeit (hier Korrelation) besteht, zusammengefaßt, während Variable mit geringer Interdependenz erst spät zusammengeführt werden[41].

In Abb. 118 ist das Ergebnis der Cluster-Analyse graphisch dargestellt. Die an der Ordinate eingetragenen Werte geben an, auf welchem Korrelationsniveau eine Zusammenfassung von einzelnen bzw. bereits zusammengefaßten Variablen erfolgt.

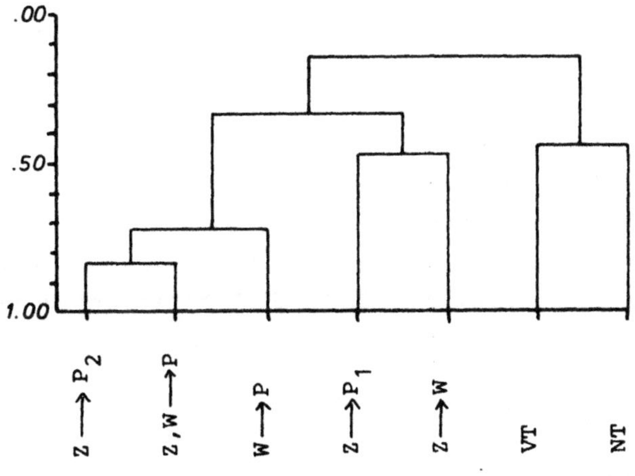

Abb. 118: Zusammenhänge zwischen den Leistungsvariablen (Cluster-Analyse)[42]

Die folgenden Erscheinungen gehen aus Abb. 118 überaus deutlich hervor.

1. Die Variablen mit dem Aktivitätsbereich Plättchenmaterial bilden eine ausgesprochen homogene Gruppe. Die niedrigste Korrelation zwischen den Variablen $Z \longrightarrow P_2$, $Z, W \longrightarrow P$ und $W \longrightarrow P$ beträgt .72, und auch die Variable $Z \longrightarrow P_1$ besitzt

mit einer durchschnittlichen Korrelation von .60 zu den obigen drei Variablen eine größere Beziehung als es in Abb. 118 zum Ausdruck kommt.

Die Fähigkeit zum Umgang in diesem Medium scheint daher stark durch dessen spezifische Struktur bestimmt zu werden und kaum von dem zugrunde liegenden Informationsträger abhängig zu sein.

2. Der Aktivitätsbereich konkrete Würfel (Z ⟶ W) weist einen deutlich größeren Zusammenhang zu den Reproduktionen mit den Plättchen als zum Vor- und Nachtest auf.

3. Vor und Nachtestergebnisse bilden eine von den anderen Aktivitätsformen stark abgrenzbare Gruppierung.

Dem Medium, in dem räumliche Aktivitäten vollzogen werden, kommt nach diesen Ergebnissen nicht nur insofern große Bedeutung zu, als es den Anspruchsgrad der Aufgaben maßgeblich beeinflußt, die Wahl des Mediums scheint auch den Möglichkeiten und Fähigkeiten der Vpn in individuell unterschiedlichem Maße zu entsprechen. Insbesondere die eindeutige Abgrenzung der Tests von den Rekonstruktionsaufgaben innerhalb der eigentlichen Fallstudienuntersuchung deutet darauf hin, daß die Anforderungen, die bei diesen Aktivitäten jeweils verlangt werden, sehr unterschiedlichen Charakter besitzen. Die Fähigkeit zur Analyse perspektivischer Darstellungen hat demnach nur geringe Affinität zur Fähigkeit, diesen Bereich konstruktiv zu beherrschen.

Die vielfach angenommene Homogenität des gesamten Bereiches "Raumvorstellung" bei 6 - 8jährigen Schülern findet sich bei einer solchen Interpretation nicht bestätigt; entsprechende Ergebnisse faktorenanalytischer Untersuchungen scheinen über das dort verwendete (recht einseitige) Testmaterial hinaus keine Gültigkeit zu besitzen.

Eine andere Erklärungsmöglichkeit für die festgestellte Trennung zwischen Tests und Reproduktionsleistungen bilden die unterschiedlichen Versuchsbedingungen (Aufgabenstellung einerseits im Klassenverband, andererseits in klinischer Beobachtungssituation), die sich möglicherweise auf die Vpn verschiedenartig auswirken. Auch die Annahme derartiger Effekte unterstreicht die Problematik rein faktorenanalytischer Untersuchungen, bei denen Aussagen allein auf der Basis von Testleistungswerten getroffen werden.

5. Zusammenfassung

Die Zielsetzung der vorliegenden Untersuchungen bestand darin, den Bereich der Wahrnehmung und Konstruktion perspektivischer Darstellungen räumlicher Objekt(e)(-konfigurationen) in seiner Ausprägung in verschiedenen Medien bei 6 - 8jährigen Schülern zu analysieren.

Bei einer zusammenfassenden Betrachtung der Ergebnisse der dazu durchgeführten Untersuchung lassen sich einige bezüglich des untersuchten Konzeptes zentrale Aspekte herausschälen, die in den eingesetzten Medien (konkrete Würfel, Plättchenmaterial und Zeichnung) teilweise sehr unterschiedlich zum Ausdruck kommen.

1. <u>Repräsentation der Tiefenausdehnung in ebenen Darstellungen</u>

   Die Befunde ergeben eine deutliche Abstufung hinsichtlich der Ausprägung dieses Teilkonzeptes:

   - Fast alle Vpn sind in der Lage, eine perspektivisch vorgegebene Figur sinnvoll (bei räumlicher Interpretation) auszurichten und korrekt zu analysieren (Wiedergabe eines einzelnen konkreten Würfels mit einem Plättchen).
   - Die Gegensätzlichkeit von Tiefenschlüsseln in ein und derselben ebenen Darstellung wird vielfach erkannt, die Widersprüchlichkeit einer solchen Figur (Vermischen mehrerer Blickwinkel) dagegen nicht zum Ausdruck gebracht (Rekonstruktion falscher Plättchenfiguren mit konkreten Würfeln).
   - Eine korrekte (einheitliche) Koordinierung der Tiefenschlüssel von (in perspektivischer Darstellung) vorgegebenen Teilelementen gelingt etwa die Hälfte der Vpn (Rekonstruktion von Würfelgebilden mit Plättchen).

- Zu einer adäquaten zeichnerischen Übertragung der räumlichen Tiefenausdehnung in die Ebene ist kaum eine Vp in der Lage (zeichnerische Wiedergabe eines konkreten Würfels).

2. Repräsentation der Dimensionsausrichtung von Konfigurationen in deren ebener Darstellung

   Zwei Resultate sind hier besonders hervorzuheben:

   - Eine Reihe von Vpn hat Schwierigkeiten bei der Differenzierung von Höhen- und Tiefenausdehnung in ebenen Darstellungen eindimensional ausgerichteter Würfelkonfigurationen (Verlagerung der Höhe in die Tiefe bei Rekonstruktionen von Würfelzeichnungen mit konkreten Würfeln).
   - Die Koordinierung von Plättchen zur Herstellung der Tiefendimension erweist sich als weitaus problematischer als die Konstruktion von Breiten- bzw. Höhendimension.

3. Perspektivenbevorzugung

   Zu diesem Aspekt liefert die Untersuchung teilweise überraschende Ergebnisse.

   - Die kavalierperspektivischen Darstellungsformen werden bei den konstruktiven Aktivitäten gegenüber allen anderen Lagen, insbesondere der Vogelperspektive, eindeutig bevorzugt (Rekonstruktionen mit dem Plättchenmaterial).
   - Bei freier Perspektivenwahl (Vorlage konkrete Würfelgebilde) ist eine Entwicklung zur Bevorzugung der  -Perspektive gegenüber der -Perspektive festzustellen.
   - Die Vogelperspektive scheint als in der Vorlage gewählte Darstellungsform größere Probleme bei der Rekonstruktion hervorzurufen als die Kavalierperspektive (Rekonstruktion von Würfelzeichnungen mit konkreten Würfeln).

Vor allem die letzte Aussage müßte in weiteren Untersuchungen auf ihre Stichhaltigkeit und Übertragbarkeit auf den Aktivitätsbereich Plättchenmaterial hin überprüft werden.

4. <u>Abhängigkeit der Rekonstruktionsleistungen vom Informationsträger</u>

   Hierzu ergeben sich je nach zugrunde liegendem Aktivitätsbereich sehr unterschiedliche Resultate.

   - Bei Aktivitäten mit dem Plättchenmaterial läßt sich kein Einfluß des Informationsträgers (Zeichnung, konkrete Würfel) auf das Lösungsverhalten erkennen.
   - Bei den zeichnerischen Würfelreproduktionen sind dagegen deutliche Unterschiede feststellbar; diese sind jedoch zumindest teilweise auf das hier naheliegende "Umspringen" auf eine "ebene" Rekonstruktionsstrategie bei der Vorlage eines Plättchens zurückzuführen.

5. <u>Rekonstruktionsstrategien</u>

   Die Bevorzugung von Rekonstruktionsstrategien erweist sich als stark abhängig von der zu reproduzierenden Würfelfigur. Zwischen den Aktivitätsbereichen konkrete Würfel und Plättchenmaterial ergeben sich keine substantiellen Unterschiede, insbesondere werden auch mit den Plättchen überwiegend sinnvolle Bauweisen (bei räumlicher Interpretation) gewählt.

Die in den Punkten 1 - 5 skizzierten Resultate zeigen deutlich, daß die eingesetzten Medien in sehr unterschiedlichem Maße zur Klärung von Teilaspekten des Konzeptes der ebenen Repräsentation räumlicher Gebilde beitragen.

So beinhaltet der <u>Aktivitätsbereich konkrete Würfel</u> nur eine verhältnismäßig geringe Zahl von Alternativmöglichkeiten bei der Reproduktion, die kaum eine Differenzierung zwischen Vpn, welche sich vorwiegend an topologischen Merkmalen der Vorlage orientieren, und Kindern, die zu einer vollständigen projektiven Analyse fähig sind, erlauben. Dagegen stellt dieser Aktivitätsbereich im Gegensatz zu den beiden anderen verwendeten Medien ein geeignetes Diagnoseinstrument etwa bezüglich des Problems der Dimensionsdifferenzierung dar.

Die Ergiebigkeit des <u>Aktivitätsbereiches Zeichnung</u> hingegen läßt deshalb zu wünschen übrig, weil der mit diesem Medium verbundene Anspruch an die zeichnerische Darstellungsfähigkeit eben-räumlicher Konzepte für Kinder der betrachteten Altersstufe derart groß ist, daß er ihnen kaum eine Möglichkeit zu einer ihrem Entwicklungsstand adäquaten Darstellung bietet. Vielmehr zeigen die Resultate zur Reproduktion des Plättchens, daß allein die "technische" Handhabung dieses Mediums für manche Vp ein unlösbares Problem darstellt.

Als das zwischen den Vpn am stärksten differenzierende und damit aussagekräftigste Medium erweist sich der Aktivitätsbereich Plättchenmaterial. Dieses Material entschärft durch die bereits in ihm vorgegebene Tiefendarstellung das Problem der Konstruktion des Tiefenkonzeptes, bleibt jedoch in seiner Handhabung variabel genug, um Rückschlüsse über verschiedene Komponenten der konstruktiven Repräsentation dreidimensionaler Konfigurationen zu gestatten. Dazu tragen unter anderem die Ergebnisse über Bevorzugungen bei der Perspektivenwahl, über die Koordinierung von Perspektiven (Einheitlichkeit) sowie über die gegenüber den anderen Dimensionen erhöhte Problematik bei der Tiefenkonstruktion (als Baurichtung) bei.

Über diese "statischen" Aspekte hinaus erweisen sich die Aktivitäten mit den Plättchen auch als aufschlußreich im Hinblick auf die dynamische Komponente der ebenen Darstellung räumlicher Beziehungen: die Übertragung räumlicher Bewegungen in die Ebene - ein Problemkreis, auf den im Rahmen dieser Untersuchung nur ansatzweise eingegangen werden konnte.

Anmerkungen

1) Zur Analyse anderer Fähigkeitsbereiche (so zum schlußfolgernden Denken, vgl. [13]) sind weitere Untersuchungen vorgesehen.

2) Auf eine umfassende Darstellung der zu dem Komplex "Mathematische Fähigkeiten" sowie zu dem Teilbereich "Raumvorstellung" vorliegenden inhaltlichen und methodischen Ansätze wird an dieser Stelle verzichtet; sie erfolgt im Rahmen einer Dissertation, die im Zusammenhang mit dem Forschungsvorhaben entstanden ist ([12]).

3) Die Tests, die in Anhang A dargestellt sind, erfordern im einzelnen: eine innen-außen-Zuordnung bei offenen räumlichen Gebilden (Test 1), die Analyse von Würfelkonfigurationen hinsichtlich der Anzahl der beteiligten Würfel (Test 2) bzw. ihrer Lagebeziehungen (Test 3) sowie ein (vorstellungsmäßiges) Zuordnen von Teilelementen.

4) Die originale Seitenlänge der Quadratfläche beträgt 3,2 cm.

5) Eine parallelperspektivische Darstellung eines Körpers ergibt sich durch eine Parallelprojektion des Originals in einem dreidimensionalen kartesischen Koordinatensystem auf eine (beliebige) Bildebene; insbesondere bleibt bei ihr die Parallelität von Strecken erhalten. Sonderfälle der Parallelperspektive sind

   a) die Kavalierperspektive (Abb. 1 a), bei der die Bildebene parallel zur yz-Ebene liegt, das Bild der x-Achse mit der y-Achse einen Winkel von allgemein 45° einschließt und das Verzerrungsverhältnis auf der x-Achse in der Regel 1 : 2 beträgt

   b) die Vogelperspektive (Abb. 1 b), bei der die Bildebene parallel zur xy-Ebene liegt, die z-Achse meist lotrecht gewählt wird und das Verzerrungsverhältnis auf der z-Achse allgemein 1 : 1 beträgt.

   Eine zentralperspektivische Darstellung eines Körpers ergibt sich durch eine Zentralprojektion des Originals auf eine (beliebige) Bildfläche, die nicht durch das Zentrum verläuft (Abb. 1 c) (vgl. REUTTER [24]).

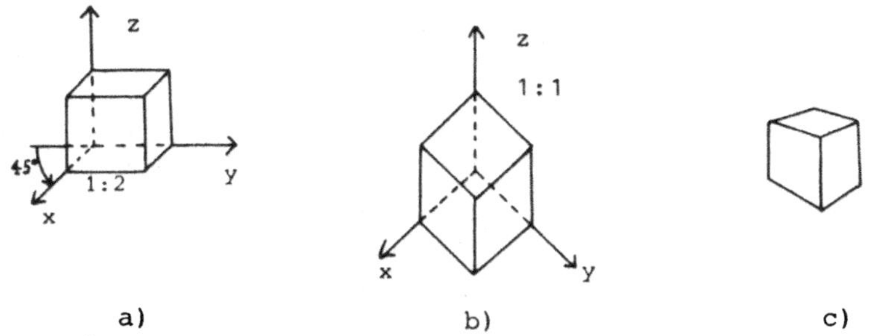

Abb. 1: ebene Darstellungsformen des Quadrats

6) siehe Anmerkung 5

7) Die Kantenlänge in den Originalzeichnungen beträgt 3,2 cm.

8) Hier und des weiteren werden die Farben in folgender Weise codiert:

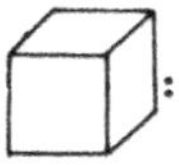 : gelb  : blau  : grün 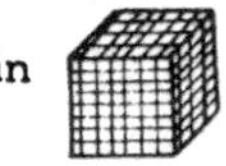 : rot

9) Die Daten, auf denen die hier durchgeführten Analysen beruhen, sind in Anhang E angegeben.

10) Die vier ersten Aufgaben wurden in US 3, die anderen in US 1 gestellt.

11) Es ergibt sich ein χ^2-Wert von 0,09 bei 2 Freiheitsgraden (Fg = 2).

12) $\chi^2 = 2{,}00$ für Fg = 2

13) Die Numerierung entspricht jeweils der, die in der Figur am Kopf angegeben ist.

14) Die bei den einzelnen Aufgaben unterschiedlichen Summenwerte erklären sich daraus, daß nicht bei allen Rekonstruktionen eine eindeutige Reihenfolge festzulegen war.

15) Die Abbildungen sind durch direkte Übertragung der den Würfel kennzeichnenden Linien aus den Fotos entstanden; die angegebenen Pfeile geben den Standort der Vp an.

16) $\chi^2 = 12{,}65$ mit Fg = 1 (signifikant auf dem Niveau 0,001)

17) $\chi^2 = 4{,}01$ mit Fg = 1 (signifikant auf dem Niveau 0,05)

18) $\chi^2 = 0{,}60$ mit Fg = 1

19) $\chi^2 = 16{,}89$ mit Fg = 1 (signifikant auf dem Niveau 0,001)

20) Bei den mit * gekennzeichneten Figuren stand neben der Zeichnung auch die konkrete Würfelfigur als Informationsträger zur Verfügung (Z $\longrightarrow$ W $\longrightarrow$ P).

21) Eine Darstellung des Kriterienkataloges wird in Anhang D gegeben.

22) Bei den mit * gekennzeichneten Aufgaben, bei denen nach Zeichnung oder konkreter Würfelfigur gelegt werden konnte, wurden Veränderungen gegenüber der Zeichnung, die nur eine Verlagerung des Blickwinkels bedeuten (etwa 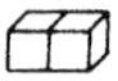 oder  bei der Vorlage ), als korrekt (sonst 3 Punkte) gewertet.

23) Obwohl die verwendete Skala kein Intervallskalenniveau besitzt, erscheint die Annahme gleicher "Abstände" zwischen den Punktwerten von der Skalenkonstruktion her gerechtfertigt, der Mittelwert daher als geeignetes Maß zur Charakterisierung des Schwierigkeitsgrades. Bei den Aufgaben mit eingeplanten Hilfestellungen sind hier und auch in den nachstehenden Analysen die vor H_2 (nach H_1) erstellten Lösungen berücksichtigt.

24) Der u-Test ergibt einen Wert von u = 5,35 (signifikant auf dem Niveau 0,001).

25) jeweils bezogen auf den Zeitpunkt vor Hilfe 2

26) Es ergibt sich

zu 1.: χ^2 = 0,01 mit Fg = 2 (nach Klassenbildung)
zu 2.: χ^2 = 1,96 mit Fg = 2

27) u = 5,41 (signifikant auf dem Niveau 0,001)

28) χ^2 = 3,92 mit Fg = 2 (signifikant auf dem Niveau 0,05)

29) χ^2 = 9,44 mit Fg = 1 (signifikant auf dem Niveau 0,01)

30) u = 3,73 (signifikant auf dem Niveau 0,001)

31) Eine solche Reaktion ist bei mehreren Schülern zu beobachten.

32) : rot  : grün

33) Die den Beispielen zugrunde liegenden Würfelzeichnungen sind jeweils eingerahmt mit angegeben.

34) Die Würfelkonfigurationen wurden frontal (mit den Vorderflächen parallel zur Tischkante) vor den Vpn aufgebaut.

35) Das Gebilde 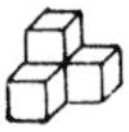 wurde nur als konkrete Würfelkonfiguration rekonstruiert.

36) Der Wilcoxon-Test ergibt u = 1,60 (nicht signifikant auf dem Niveau 0,05).

37) Die Klassifizierung entspricht im wesentlichen der von MITCHELMORE ([20]) angegebenen Stufenfolge (vgl. 2.2.2). Die Spalte "Sonstiges" ist nur für die Plättchendarstellung von wesentlicher Bedeutung (vgl. 4.4.2).

38) Die Beispiele stammen aus dem vorliegenden Untersuchungsmaterial.

39) Die Vorgehensweise von Frank wurde bei mehreren Vpn beobachtet.

40) vgl. Anmerkung 23

41) Eine genaue Darstellung des Verfahrens geben STEINHAUSEN und LANGER ([25]).

42) Das Kriterium für die Zusammenfassung zweier Variablengruppen bildet das Minimum der zwischen je einem Vertreter jeder Gruppe bestehenden Korrelationen (vgl. STEINHAUSEN/LANGER [25]).

Literaturverzeichnis

[1] Arnheim, R. Kunst und Sehen
Berlin 1965

[2] Bösing, F.J., Koops, H., Sorger, P., Winter, M. Untersuchungen des mathematischen Fähigkeitsspektrums bei 6 - 8jährigen Kindern. Schwerpunkt: Räumliches Vorstellungsvermögen
Forschungsbericht, 1978

[3] Chetverukhin, N.F. An Experimental Investigation of Pupil's Spatial Concepts and Spatial Imagination
in Soviet Studies in the Psychology of Learning and Teaching Mathematics, Vol. 5, 1971

[4] Deregowsky, J.B. Drawing Ability of Soli Rural Children: a Note
in Journal of Social Psychology 86, 1972

[5] Freund, H., Sorger, P. Fähigkeiten im mathematischen Anfangsunterricht - Versuch einer Operationalisierung
in Beiträge zum Mathematikunterricht 1974

[6] Freund, H., Sorger, P. Kindliche Fähigkeiten und mathematische Früherziehung
Anregungen und Informationen für die Schule 22, 1974

[7] Forgus, G.H. Perception
New York 1966

[8] Garner, W.R. To Perceive is to Know
in American Psychologist 21, 1966

[9] Gibson, E.J. — Principles of Perceptual Learning and Development
New York 1969

[10] Gibson, J.J. — Die Sinne und der Prozeß der Wahrnehmung
Bern 1973

[11] Hudson, W. — Pictural Depth Perception in Subcultural Groups in Africa
in Journal of Social Psychology 52, 1960

[12] Koops, H. — Zur Medienabhängigkeit des räumlichen Vorstellungsvermögens bei Schülern der Eingangsstufe
Dissertation, Münster 1979

[13] Koops, H., Lo, L., Sorger, P. — Fallstudien zum schlußfolgernden Denken in Sachunterricht und Mathematik in der Primarstufe 4, 1978

[14] Koops, H., Sorger, P. — Räumliches Vorstellungsvermögen bei Schülern der Eingangsstufe
in Beiträge zum Mathematikunterricht 1977

[15] Koops, H., Sorger, P. — Fallstudien zum räumlichen Vorstellungsvermögen
in Sachunterricht und Mathematik in der Grundschule 8, 1977

[16] Lesh, R. — Transformation Geometry in Elementary School: Some Research Issues
in Martin, J.L., Bradbard, D.A., Space und Geometry

[17] Lesh, R. Mierkiewicz, D. — Perception, Imagery und Conception in Geometry
in Recent Research Concerning the Development of Spatial und Geometric Concepts

[18] Lewis, H. — Spatial Representation in Drawing as a Correlate of Development and a Basis for Picture Preference
in Journal of Genetic Psychology 102, 1963

[19] Meyers, H. — Die Welt der kindlichen Bildnerei
Witten 1963

[20] Mitchelmore, M.C. — Cross-Cultural Research on Concepts of Space und Geometry
in Martin, J.L., Bradbard, D.A., Space and Geometry

[21] Mühle, G. — Entwicklungspsychologie des zeichnerischen Gestaltens
München 1967

[22] Olson, D.R. — Cognitive Development
The Child's Acquisition of Diagonality
New York 1970

[23] Piaget, J. Inhelder, B. — Die Entwicklung des räumlichen Denkens beim Kinde
Stuttgart 1971

[24] Reutter, F. — Darstellende Geometrie I
Karlsruhe 1968

[25] Steinhausen, D. Langer, K. — Clusteranalyse
Berlin 1977

[26] Vernon, M.D. Wahrnehmung und Wahrnehmungslernen in Lunzer, E.A., Morris, J.F., Das menschliche Lernen und seine Entwicklung Stuttgart 1972

[27] Vernon, M.D. Wahrnehmung und Erfahrung Köln 1974

A N H A N G

A Tests zum räumlichen Vorstellungsvermögen von FREUND/SORGER

Test 1 (Blatt 1) Form A

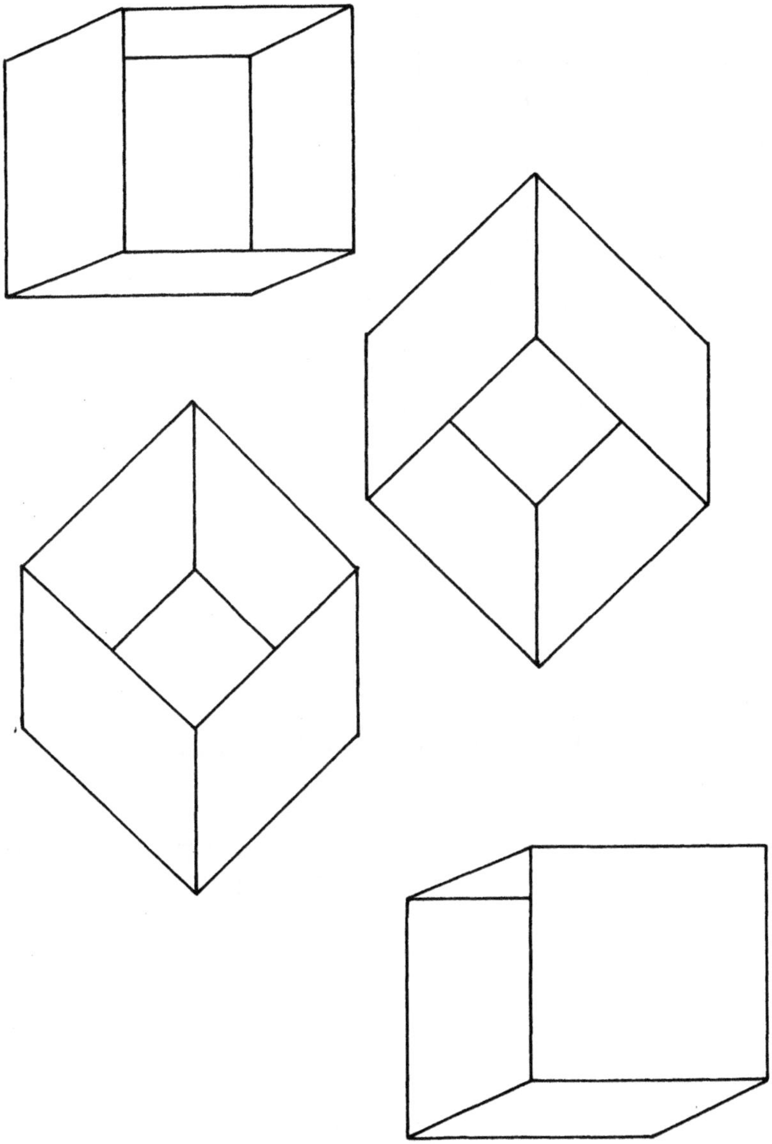

Test 1 (Blatt 1) Form B

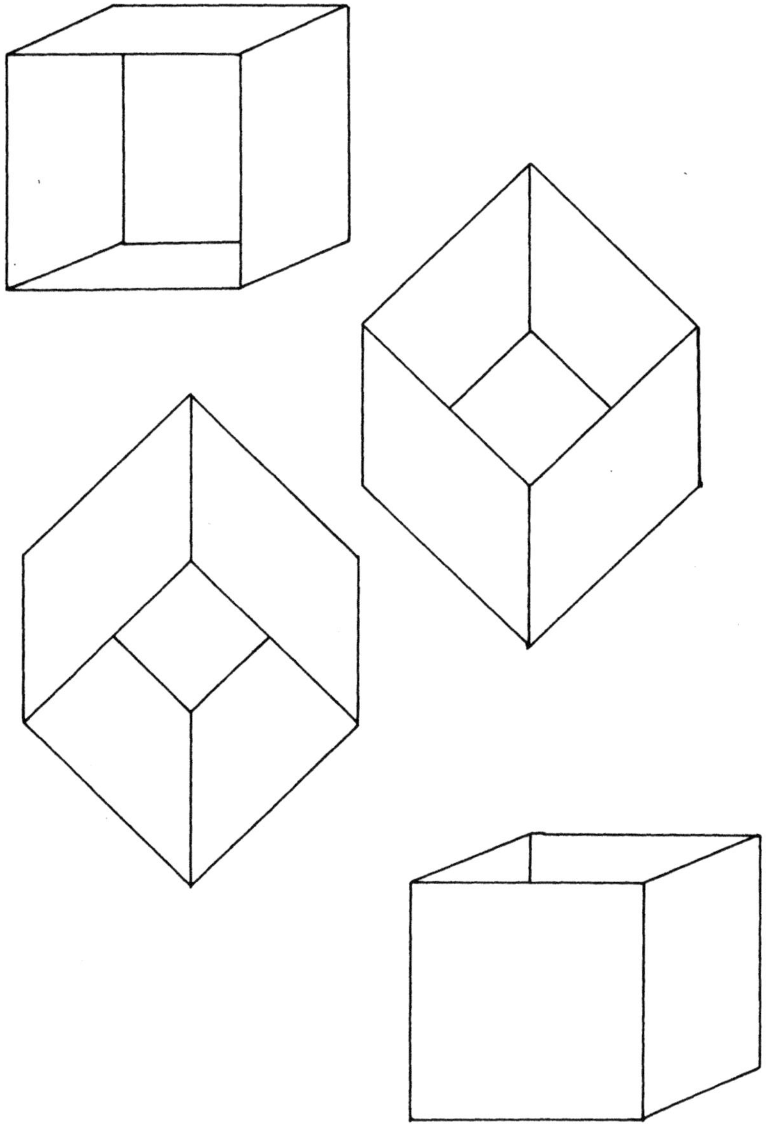

Test 1 (Blatt 2) Form A

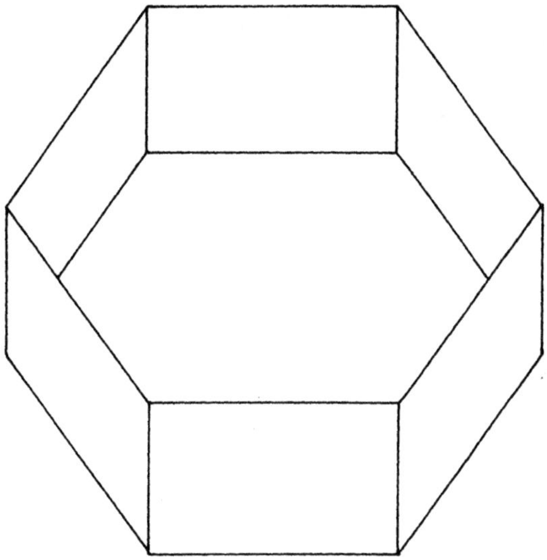

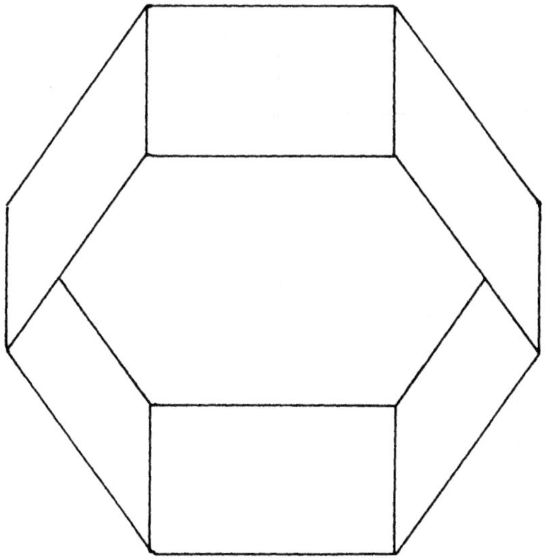

Test 1 (Blatt 2) Form B

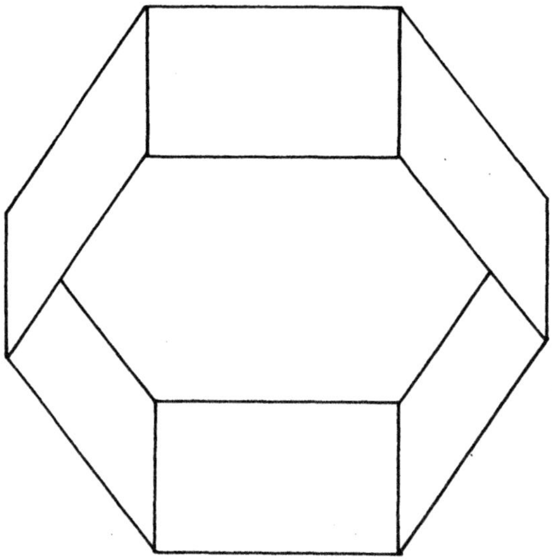

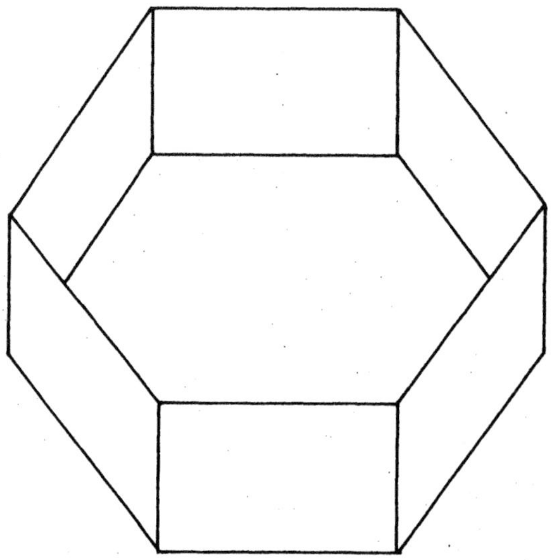

Test 2 Form A

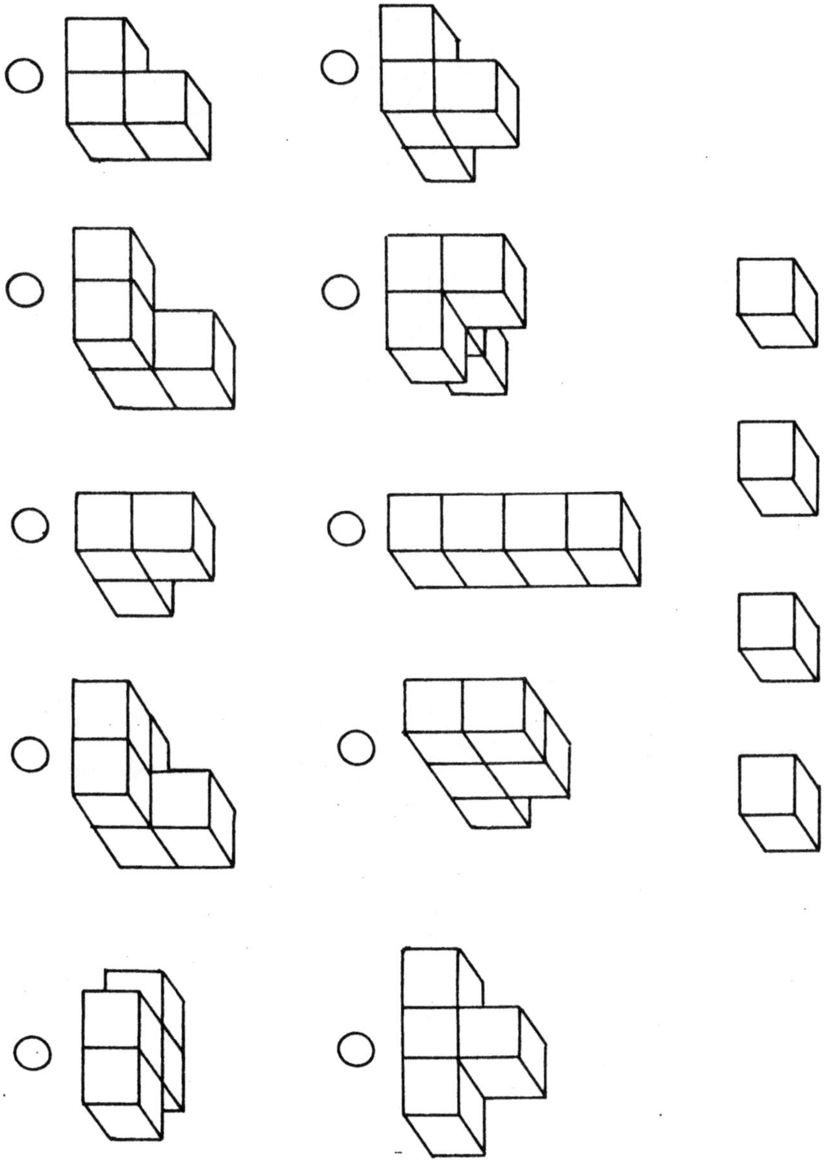

Test 2 Form B

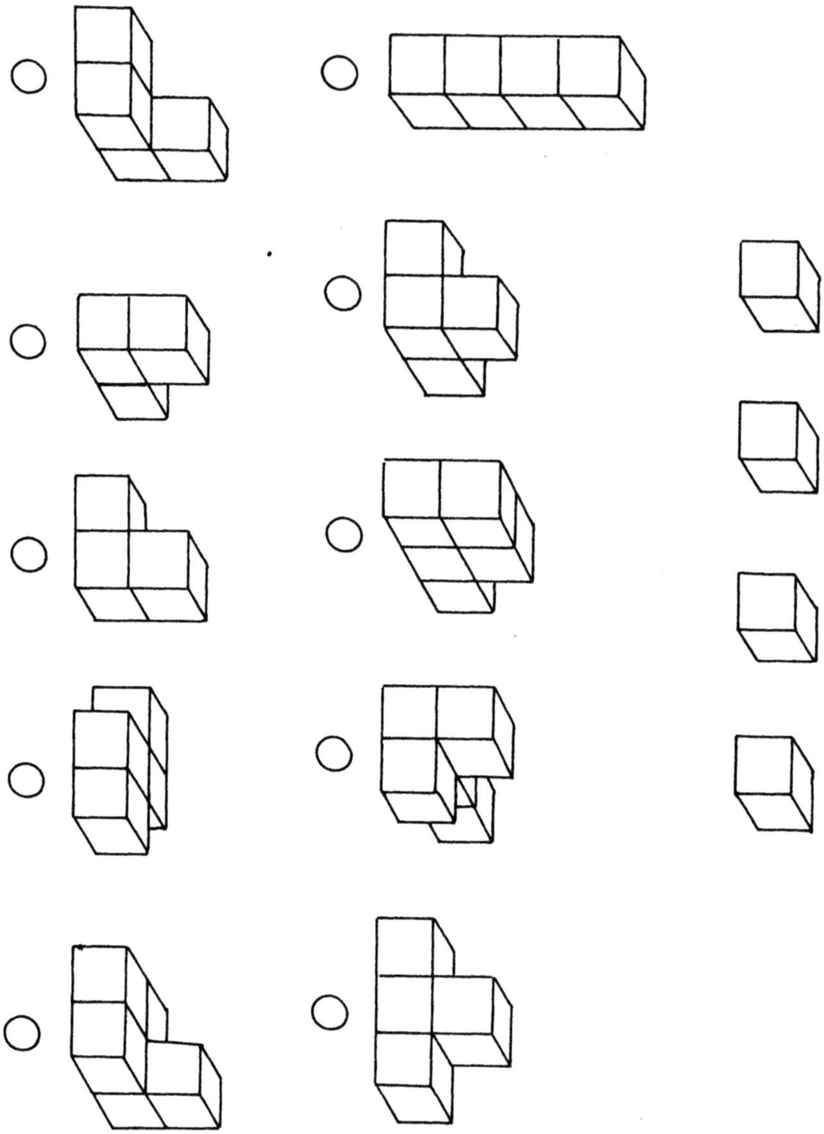

Test 3 Form A

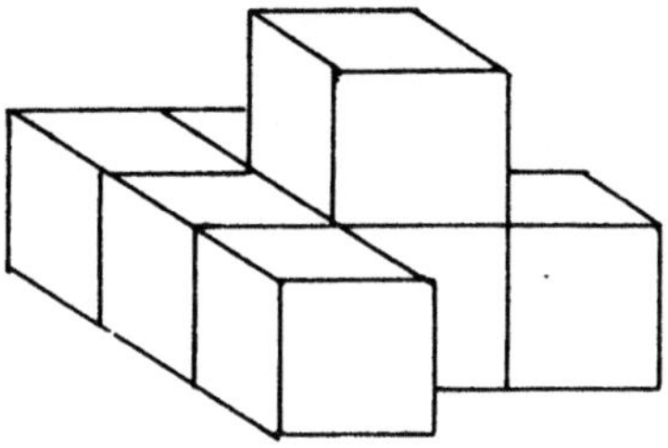

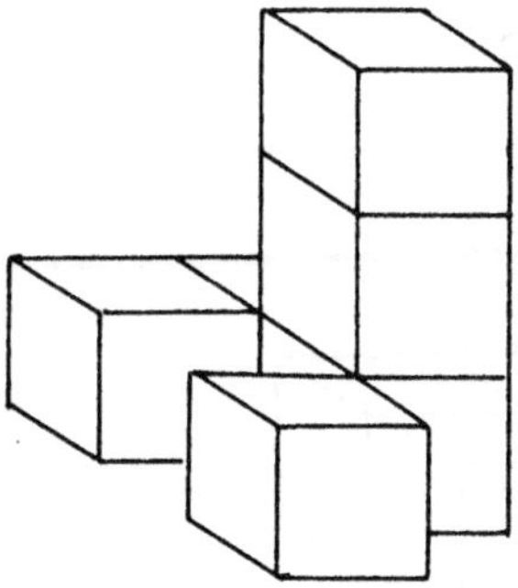

Test 3 Form B

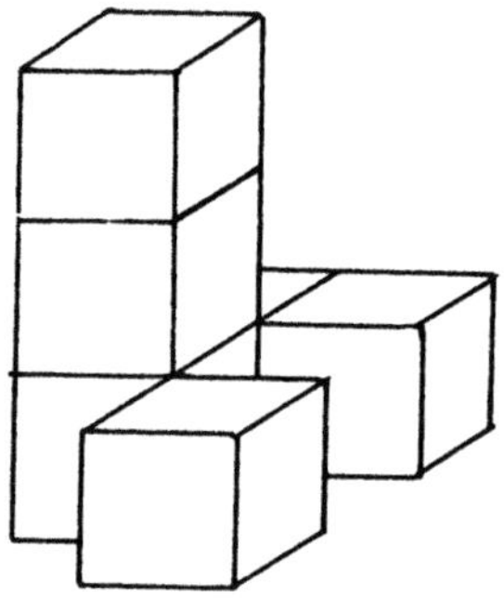

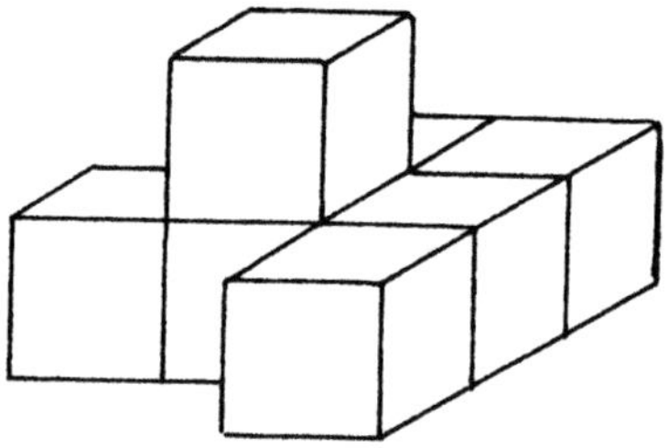

Test 4 Form A

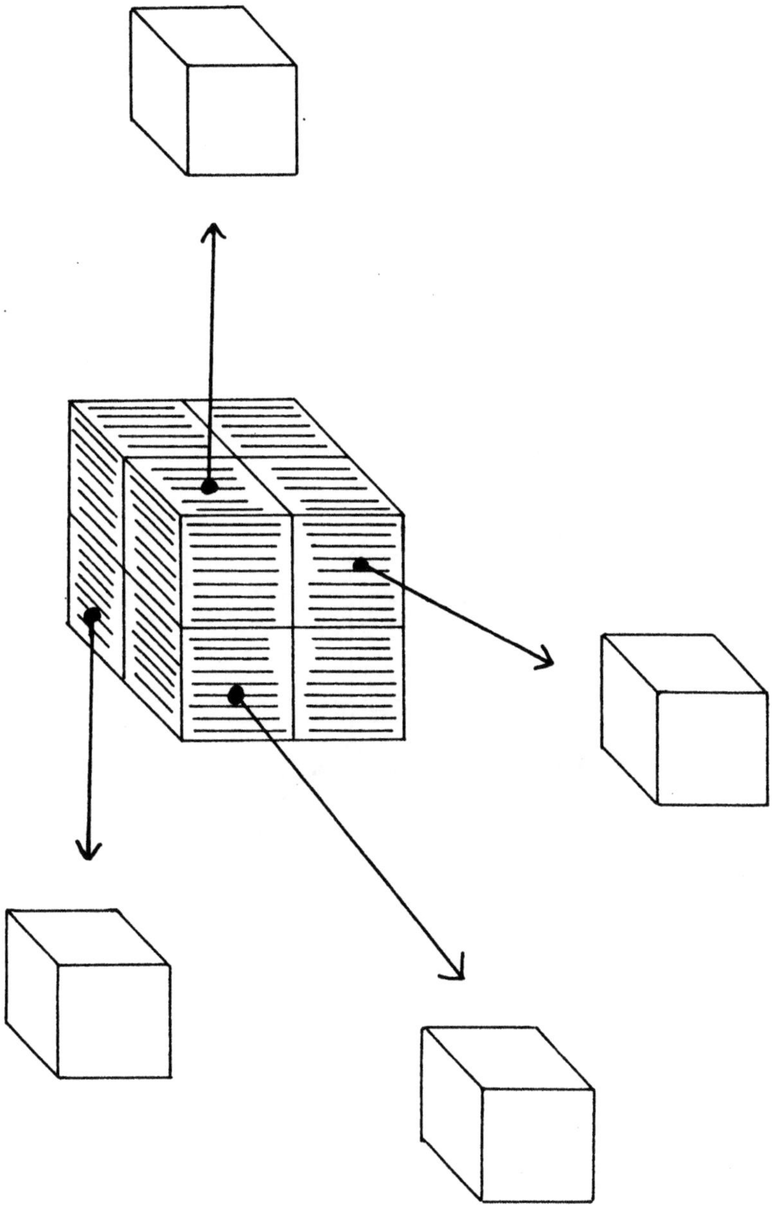

Test 4 Form B

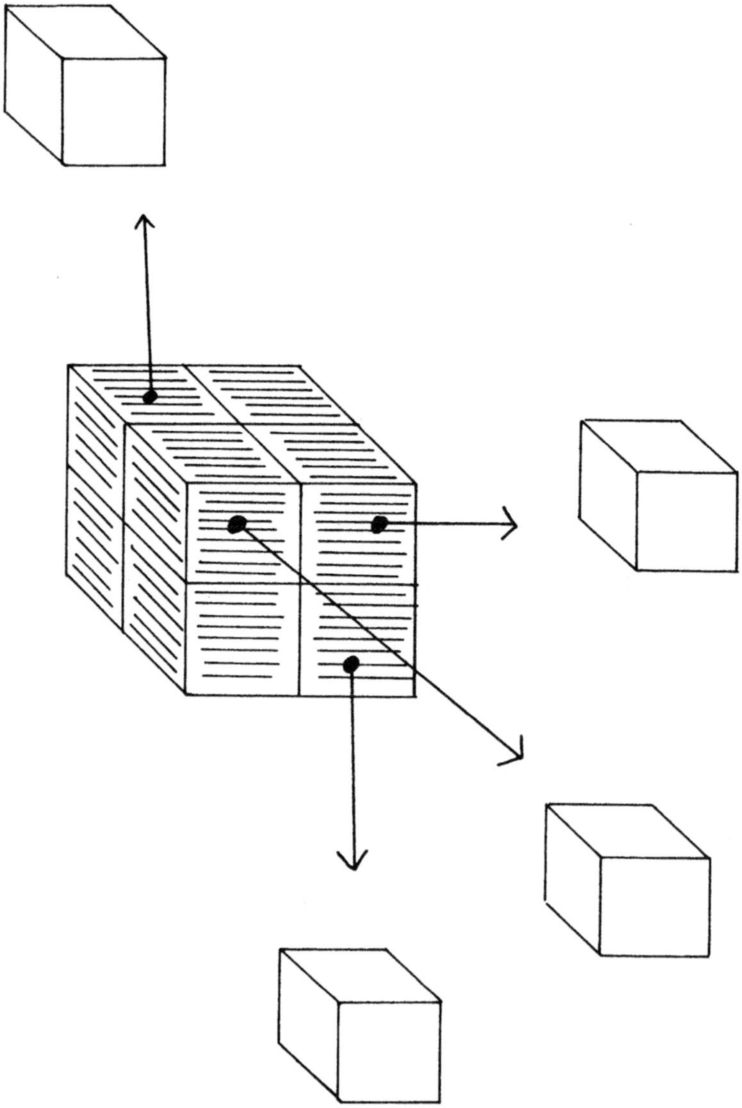

Instruktionen zu den Raumtests von FREUND/SORGER

zu Test 1:

Eine Würfelschachtel und eine Schachtel mit sechseckiger Grundfläche werden vorgezeigt. Die Innenseiten sind jeweils rot, der Boden blau eingefärbt. "Auf euren Blättern sind die Schachteln aufgezeichnet. Malt sie genau so an wie diese Schachteln hier." Während des Malens der Schüler sind die Schachteln nicht mehr zu sehen.

zu Test 2:

Mit Spielwürfeln werden vor den Schülern verschiedene Würfelkonfigurationen gebaut. "Gestern habe ich mit 4 Würfeln gebaut. Ich habe aufgezeichnet, was ich gebaut habe. Ich habe Fehler gemacht. Streicht alles durch, was nicht mit 4 Würfeln gebaut ist."

zu Test 3:

Mit verschiedenfarbigen Würfeln werden vor den Schülern Würfelkonfigurationen gebaut, bei denen "Nachbarn" unterschiedliche Farbe haben müssen. Vl macht Fehler, die von den SS entdeckt werden. "Malt die Bilder aus, aber denkt daran, Nachbarn müssen mit verschiedenen Farben gemalt werden."

zu Test 4:

An einem aus 8 Einzelwürfeln zusammengesteckten Würfel wird den Schülern deutlich gemacht, daß zwar außen alle Flächen rot, "innen" aber alle blau sind. "Die Pfeile zeigen, wie die Würfel herausgezogen werden. Malt die Würfel richtig an."

B Beobachtungsbögen

Arbeits-
blatt
Nr. 1.4 | A   Untersuchungssequenz: Gruppe: Schüler: Klasse:
Schule:

1. Ansatz	Fehler	Verbale Äußerungen
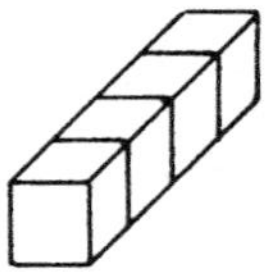		
	Perspektive	Verbale Äußerungen
	korrekt ○	
	nicht korrekt ○ nach links ↶ gedreht ○ nach rechts ↷ gedreht ○	
	nachträgliches Drehen in korrekte Perspektive ○	
2. Ansatz	Fehler	Verbale Äußerungen
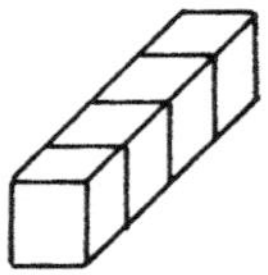		
	Perspektive	Verbale Äußerungen
	korrekt ○	
	nicht korrekt ○ nach links ↶ gedreht ○ nach rechts ↷ gedreht ○	
Nach Kontroll-frage ○ ja ○ nein	nachträgliches Drehen in korrekte Perspektive ○	

Beispiel für einen speziellen Beobachtungsbogen der Phase Z ⟶ W (US 1)

Arbeits-
blatt
Nr. **B** Untersuchungssequenz: Gruppe: Schüler: Klasse:
Schule:

I. Erstes Legen des Plättchens		Verbale Äußerungen

 ausgerichtet am Würfel		
Endlage		

II. Zuordnung der Flächen	Verbale Äußerungen
1. Oberfläche 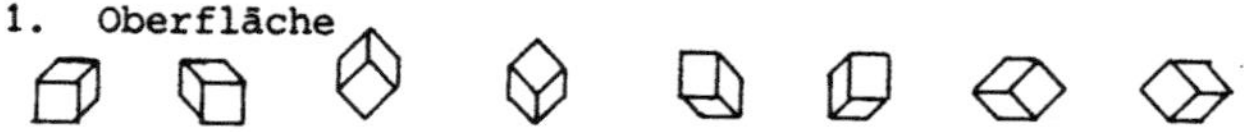	
2. Vorderfläche 	
3. Seitenflächen 	
III. Sonstiges	

Spezieller Beobachtungsbogen der Phase W ⟶ P (US 2)

C Untersuchungssequenz: Gruppe: Schüler: Klasse: Schule:

Arbeitsblatt Nr.	I rot	II grün	III blau	IV gelb	Sonstiges

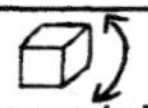 ausgerichtet an					
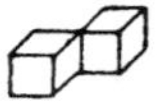 an					
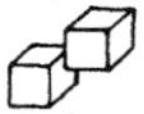 auf / unter					
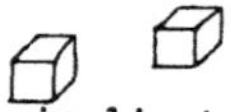 isoliert					
beiseite legen bzw. zerstören					

VL	Verbale Äußerungen S
Hilfe 1:	
Hilfe 2:	
Kontrollfragen:	

Spezieller Beobachtungsbogen der Phase Z $\longrightarrow$ P (US 2)

Arbeits- blatt Nr.	D Untersuchungssequenz: I rot	Gruppe: II grün	Schüler: III blau	Klasse: Schule: IV gelb	Sonstiges

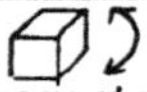 ausgerich- tet an					
 an					
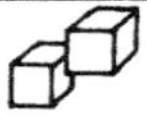 auf / unter					
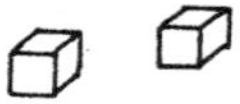 isoliert					
beiseite legen bzw. zerstören					
(VL) Verbale Äußerungen (S)					
Kontrollfragen:					

Spezieller Beobachtungsbogen der Phasen Z ⟶ P, Z, W ⟶ P, W ⟶ P (US 3, 4, 5)

Arbeits- blatt Nr. 3.1	E Untersuchungssequenz:	Gruppe:	Schüler:	Klasse: Schule:

1. Ansatz	Einzelne Bauschritte		Verbale Äußerungen
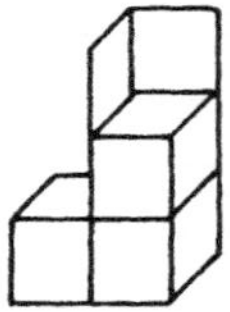	1	7	
	2	8	
	3	9	
	4	10	
	5	11	
	6	12	
	Perspektive: korrekt O nicht korrekt O nach links ↶ gedreht O nach rechts ↷ gedreht O		Sonstiges:

2. Ansatz	Einzelne Bauschritte		Verbale Äußerungen
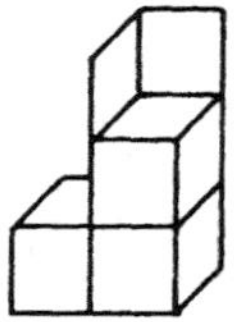	1	7	
	2	8	
	3	9	
	4	10	
	5	11	
	6	12	
Nach Kontroll-frage O ja O nein	Perspektive: korrekt O nicht korrekt O nach links ↶ gedreht O nach rechts ↷ gedreht O		Sonstiges:

Beispiel für einen speziellen Beobachtungsbogen der Phase P ⟶ W (US 5)

Arbeitsblatt Nr. | Untersuchungssequenz: | Gruppe: | Klasse: Schule:

Schüler:

Blickkontakt

	häufig	mäßig	selten
Zeichnung			
Würfel			
Plättchen			

mangelnde Konzentration ○

benötigte Zeit
für den
1. Ansatz ○ min.

Sonstiges:

Schüler:

Blickkontakt

	h	m	s
Z			
W			
P			

mangelnde Konzentration ○

benötigte Zeit
für den
1. Ansatz ○ min.

Sonstiges:

Schüler:

Blickkontakt

	h	m	s
Z			
W			
P			

mangelnde Konzentration ○

benötigte Zeit
für den
1. Ansatz ○ min.

Sonstiges:

Allgemeiner Beobachtungsbogen

C Protokoll einer Untersuchungssequenz (US 3) für eine Versuchsperson (Kristof)

P Tonbandäußerungen

Vl Ich habe euch wieder Blätter mitgebracht mit Würfeln drauf, Klötzen, und ich gebe euch jetzt richtige Klötze und ihr baut ... Ihr baut mit diesen Klötzen das, was ihr auf dem Blatt seht, nach, ja?
Kr Ich hab's.
Vl Du hast es, Kristof. Habt ihr's genauso wie auf dem Blatt? Kristof und Jan, ja? Katharina? Klappt es nicht, Katharina? Warum denn nicht?
Ka Weiß ich nicht.
Vl Ist das so richtig? Irgendwie so, ist es dann richtig?
Kr Das ist doch auch richtig.
Vl Du meinst, es ist richtig, Kristof? Katharina?
Ka Das ist da anders.
Vl Was ist da anders?
Ka So kann's auch sein, aber das ist da anders gestellt.
Vl Anders gestellt auf dem Blatt?
Ka Ja.
Vl Nicht genau. Steht nicht genauso? So ist es richtig, wie es jetzt steht, ja?
Ka Weiß nicht genau.
Vl Weißt du nicht genau. Jetzt gebe ich euch diese Plättchen, die kennt ihr ja inzwischen, und ihr baut jetzt das gleiche mit den Plättchen nach, ja? ... Jetzt versucht das mal mit den Plättchen nachzubauen. Katharina, ist es richtig?
Ka Ja.
Vl Was hast du denn nachgelegt mit den Plättchen? Die Zeichnung? Sieht's denn auch genauso aus wie der Turm?

Beobachtungsprotokoll

Arbeitsblatt Nr. 2.5

Bauen mit konkreten Würfeln

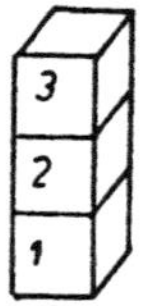

1. Ansatz

Fehler

Perspektive

korrekt ○

nicht korrekt ⊗
nach links ↶ gedreht ⊗
nach rechts ↷ gedreht ○

nachträgliches Drehen in korrekte Perspektive ○

Legen mit Plättchen

1. dreht II
2. legt II (↗)
3. legt I (↗) auf II
4. legt III (↗) auf I

Allg. Beobachtung

Blickkontakt

	h	m	s
Z	X		
W			X
P			

benötigte Zeit für den 1. Ansatz: 0,5 min

Sonstiges:
Orientierung nur an Z.

P	Tonbandäußerungen	Beobachtungsprotokoll	Allg. Beobachtung
Ja	Ich hab's auch nach der Zeichnung.		
Ka	Weil man da nicht so richtig stellen kann.		
Vl	Wo kann man's nicht richtig stellen?		
Ka	Hierbei.		
Vl	Den richtigen Turm kann man nicht so stellen.		
Kr	Aber hier, hier kann man's stellen.		
Vl	Kristof? Auf der Zeichnung, da kann man's stellen.		
Kr	Hm. (Zustimmung)		
Vl	Sieht's bei dir denn genauso aus wie auf der Zeichnung?		
Kr	Ja.		
Ja	Bei mir wohl.		
Vl	Bei dir auch, Jan? Was hast du denn gelegt? Nachgelegt, Kristof?		
Kr	Das hier.		
Vl	Die Zeichnung. Und du, Jan?		
Ja	Die Zeichnung.		
Vl	Du hast auch die Zeichnung gelegt? Sieht es denn bei euch auch genauso aus wie der richtige Turm?		
Kr	Nein.		
Vl	Kristof, nein? Warum nicht?		
Kr	Man kann es nicht hinstellen wie der Turm.		
Vl	Du kannst es nicht hinstellen wie den Turm. Bei dir denn, Jan? Sieht das, was du gelegt hast, genauso aus wie der Turm?		
Ja	Nein.		
Vl	Nein? Was ist denn anders bei dir?		
Ja	Hier die, die gucken etwas mehr 'raus. Hier bei diesem Bild.		
Vl	Ja, die Seiten gucken hier etwas mehr 'raus, wie auch auf der Zeichnung?		
Ja	Ja.		

P Tonbandäußerungen

Vl Gut. Dann gebe ich euch ein anderes Blatt.
Kr Jetzt sieht's fast so aus wie das Gelegte.
Vl Wenn du die Klötze hinlegst, sieht es fast so aus, wie das Gelegte, meinst du, Kristof?
Kr Ja.
Vl So, jetzt baut ihr zuerst wieder mit den Klötzen nach.
Kr Fertig.
Vl Kristof, du bist fertig? Katharina? Du auch?
Ka Ja.
Vl Und Jan? Sieht es genauso aus wie auf dem Blatt?
Ka Ja.
Vl Katharina, ja. Kristof, bei dir?
Kr Hm. (Zustimmung)
Vl Auch. Und Jan?
Ja Ja.

Vl Gut. Dann könnt ihr dasselbe jetzt auch mit den Plättchen nachlegen.
Ja Fertig.
Vl Jan ist fertig?
Ka ... ist es ja von der falschen Seite. Den kann man von unten sehen.
Vl Katharina, wenn du den roten so drehst, dann sieht man ihn von unten, meinst du. Und so geht's nicht ... Jan, was hast du denn nachgelegt mit deinen Plättchen?
Ja Die Zeichnung.
Vl Die Zeichnung. Und, sieht's genauso aus?
Ja Ja.

Beobachtungsprotokoll

Arbeitsblatt Nr. 2.7

Bauen mit konkreten Würfeln

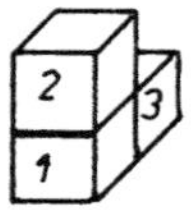

1. Ansatz

Fehler

Perspektive

korrekt ○

nicht korrekt ⊗
    nach links ↺ gedreht ⊗
    nach rechts ↻ gedreht ○

nachträgliches Drehen in korrekte Perspektive ○

Legen mit Plättchen

1. dreht III
2. legt III (↗)
3. legt I (↗) unter III
4. dreht IV ausgerichtet an den Plättchen
5. zerstört I, III und IV
6. legt I (↗)
7. legt III (↖) auf I
8. zerstört I und III
9. legt IV (↗)
10. legt III (↗) unter IV

Allg. Beobachtung

Blickkontakt

	h	m	s
Z		X	
W			X
P			

benötigte Zeit für den 1. Ansatz:
-- min

Sonstiges:
Orientierung nur an der Z. Kristof hat das blaue und rote P. richtig, erkennt es aber nicht. Legt dann blau und gelb, schafft dann aber nicht, das rote P. zu legen.

P Tonbandäußerungen	Beobachtungsprotokoll	Allg. Beobachtung
Vl Sieht's auch genauso aus wie dein Turm?		
Ja Ja.		
Vl Auch ... Kristof, stimmt's nicht bei dir?		
Kr Nein.		
Vl Was stimmt denn nicht?		
Kr Ich kann das nicht mit dem Überlegen hier.		
Vl Mit dem Überlegen? Welches, das blaue Plättchen?		
Kr Hm. (Zustimmung)		
Ka Hier das rote krieg' ich gar nicht so dran.		
Vl Und du kriegst das rote nicht, Katharina?		
Ka Nein.		
Ja Ich bin mit dem blauen angefangen, und dann mit dem roten und das gelbe.		
Vl Du bist mit dem blauen angefangen, und dann das rote und dann das gelbe?		
Ja Ja.		
Ka Welches muß denn drunter, welches muß drüber? ... Das gelbe muß über den roten und blauen drüber, oder drunter.		
Kr Wie muß das denn da drunter liegen ... (unverständlich)	11. legt I (↙) unter III	
Vl Kristof, das rote kommt unter?		
Kr Das blaue.		
Vl Unter das blaue.		
Kr Aber wie?		
Ja Soll ich dir helfen?		
Ja Jetzt hab ich's, so!		
Vl Katharina, du hast es jetzt?		
Ka Ja.		
Vl Was meinst du, Kristof, ist es richtig so?		
Kr Nein.		
Vl Du wußtest nicht, wie man das rote hinlegt, Katharina? Was meinst du, Kristof, kriegst du's noch hin?		

P	Tonbandäußerungen	Beobachtungsprotokoll	Allg. Beobachtung
Kr	Nein.		
Vl	Was ist denn da so schwer dran?		
Kr	Ich kann wohl die hier übereinander legen, aber das rote nachher dadran.	12. zerstört I, III und IV 13. legt III (↗)	
Vl	Das gelbe und blaue kriegst du wohl übereinander.	14. legt IV (↗) auf III 15. dreht I	
Kr	Ja.	16. legt I (↗) unter III	
Vl	Nur das rote, weißt du nicht, wie man das drankriegt.		
Ja	Das rote? Du muß dann hier nur, das dies und dies etwas 'rausguckt. Das wird ja dann von dem einen ... (unverständlich) Dieses ganze muß weg, und dann bleibt hier nur noch der kleine Spalt übrig.		
Vl	Jan, du erklärst es ihm, wie man's machen muß? ... Wir nehmen mal ein anderes Blatt, nicht? Sieht das denn bei dir, Katharina, auch genauso aus wie dein richtiger Turm mit den Klötzen?		
Ka	Nein.		
Vl	Was ist denn da anders?		
Ka	Das steht nicht richtig.		
Vl	Was steht nicht richtig?		
Ka	Dieser hier.		
Vl	Der steht nicht wie dieser? Was ist denn da? Was steht denn da anders?		
Ka	Ja, hier, da steht's richtig so gerade, und hier, da kann man's nicht so hinstellen.		
Vl	Da liegt's auf dem Blatt, und hier steht's richtig auf dem Tisch.		
Kr	Die Plättchen kann man ja nicht hinstellen!		
Vl	Die Plättchen kann man nicht hinstellen. Gut.		

P Tonbandäußerungen

Vl Dann gebe ich euch ein neues Blatt. Ihr baut das zuerst wieder mit den Klötzen nach.
Ka Leicht.
Vl Leicht, Katharina?
Kr Fertig.
Vl Kristof, ist es genauso wie auf dem Blatt?
Kr Ja ... Das kriege ich, glaube ich, zusammen mit den Plättchen.
Vl Jan, ist es bei dir auch genauso?
Ja Ja.
Vl Katharina, bei dir auch?

Vl So, dann legt es mal mit den Plättchen nach.
Kr Fertig.
Vl Kristof ist fertig? Was hast du denn nachgelegt, Kristof?
Kr Das hier.
Vl Die Zeichnung. Und, ist das dasselbe?
Kr Ja.
Vl Ist auch dasselbe wie dein Turm da?
Kr Nein. Nur wenn man es so macht, dann sieht es fast so aus.

Beobachtungsprotokoll

Arbeitsblatt Nr. 2.10

Bauen mit konkreten Würfeln

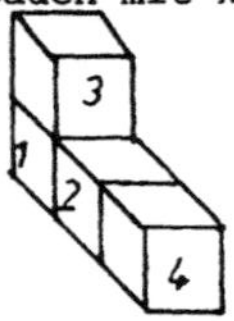

1. Ansatz

Fehler

Perspektive

korrekt ⊘

nicht korrekt ○
nach links ↶ gedreht ○
nach rechts ↷ gedreht ○

nachträgliches Drehen in korrekte Perspektive ○

Legen mit Plättchen

1. legt III (↖)
2. legt I (↖) auf III
3. legt II (↘) auf III
4. legt II (↖) auf III
5. legt IV (↖) auf II

Sonstiges:
legt die Klötze auf den Tisch

Allg. Beobachtung

Blickkontakt

	h	m	s
Z		X	
W			X
P			

benötigte Zeit für den 1. Ansatz: 0,5 min

Sonstiges:
Orientierung nur an der Z.
Die P. werden einzeln gelegt.

P	Tonbandäußerungen	Beobachtungsprotokoll	Allg. Beobachtung
Vl	Wenn man ihn zur Seite legt, dann sieht es fast so aus, den Turm?		
Kr	Ja.		
Vl	Jan, bist du auch fertig?		
Ja	Ja.		
Vl	Was hast du denn nachgelegt?		
Ja	Die Zeichnung wieder.		
Vl	Die Zeichnung. Und, ist es das gleiche?		
Ja	Ja.		
Vl	Ist es auch dasselbe wie dein Turm?		
Ja	Nein, nicht genau.		
Ka	Ich kriege immer einen Turm!		
Vl	Katharina, du kriegst immer einen Turm?		
Ka	Ja.		
Vl	Was ist denn anders, Jan?		
Ja	Wie die liegen. Der kann nicht so hochstehen, weil das nur so Papierstücke sind.		
Vl	Der rote. Das sind ja nur Papierstücke. Der rote kann nicht auf dem blauen stehen.		
Ja	Nur, wenn man sie zusammenklebt?		
Ja	Zusammenklebt mit Tesa-Film und dann hinten eine Stütze macht.		
Vl	Zusammenklebt und dann hinten eine Stütze macht, wenn man sie hinstellt.		
Ja	Hm. (Zustimmung)		
Vl	Katharina?		
Ka	... (unverständlich)		
Vl	Du hast es auch?		
Ka	Ja.		
Vl	Sieht es genauso aus wie auf der Zeichnung? Du hast doch die Zeichnung nachgelegt, nicht?		
Ka	Ja ... Nein, sieht nicht genauso aus.		

P	Tonbandäußerungen	Beobachtungsprotokoll	Allg. Beobachtung
Vl	Stimmt immer noch nicht?		
Ka	Nein.		
Vl	Was stimmt denn noch nicht?		
Ka	Das gelbe hier.		
Kr	Geht doch ganz leicht. Weil du das grüne falsch gelegt hast.		
Vl	Kristof, du meinst, sie hat das grüne falsch gelegt?		
Kr	Ja, du mußt mit der Spitze ... (unverständlich) ... So, ja, und jetzt das gelbe da drüber.		
Ka	Ja, dann sieht man doch das unten! Das unten statt da oben!		
Vl	Wenn du es so legst, sieht man das grüne von unten.		
Ja	Die Linie muß gerade liegen. Die Linie muß gerade durchgehen.		
Vl	Jan, welche Linie muß gerade durchliegen?		
Ja	Diese hier.		
Vl	Die da, die obere Kante von den drei Würfeln.		
Ka	Ja, jetzt ist es.		
Vl	Jetzt richtig, Katharina?		
Ka	Nein.		
Kr	Doch!		
Ja	Das gelbe ist falsch.		
Vl	Was meinst Du, Katharina, ist es so? Oder ist noch irgendwas anders? Meinst du, du muß das gelbe noch drehen? Was ist denn anders dran? Bei deiner Zeichnung? Katharina?		
Ka	Daß das da so steht.		
Vl	Daß es steht, meinst Du?		
Ka	Ja.		

P Tonbandäußerungen	Beobachtungsprotokoll	Allg. Beobachtung
Vl Du hältst die Plättchen jetzt hoch hin ... Was meinst du, Katharina, kriegst du es noch besser hin?		
Ka Nein.		
Vl Dann nehmen wir mal ein neues Blatt, ja? Katharina? Irgendwie so?		
Ka Ja. So ähnlich.		
Vl Ist es denn genauso?		
Ka Nein.		
Vl Genauso nicht? Gut.		

P Tonbandäußerungen	Beobachtungsprotokoll	Allg. Beobachtung
Vl Dann nehmen wir mal ein neues Blatt, ja? Versucht dieses mal. Erst nachbauen und dann nachlegen. Sieht ganz genauso aus wie auf dem Blatt, Kristof? Kr Ja. Ja So sieht man's genauso. Vl Jan? Ja Ja. Vl So sieht man's genauso? Ja Ja. Vl Und bei dir, Katharina? ... Kristof, du hast sie noch gedreht? Kr Ja, dann sehen sie genauso aus. Vl Dann sehen sie genauso aus ... So sehen sie genauso aus. Gut.	Arbeitsblatt Nr. 2.12 Bauen mit konkreten Würfeln 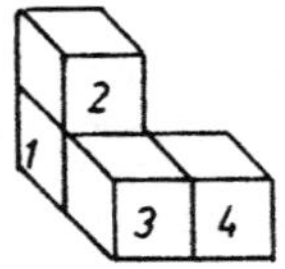 1. Ansatz Fehler 1) blau rechts neben rot 2) grün hinter blau Perspektive korrekt ⊗ nicht korrekt ○ nach links ↶ gedreht ○ nach rechts ↷ gedreht ○ nachträgliches Drehen in korrekte Perspektive ○	

P Tonbandäußerungen	Beobachtungsprotokoll	Allg. Beobachtung

Beobachtungsprotokoll

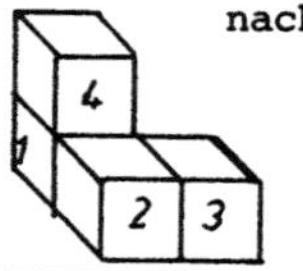

2. Ansatz

nach Kontrollfrage: ○ ja ⊗ nein

Fehler

Perspektive

korrekt ○

nicht korrekt ⊗

nach links ↶ gedreht ⊗
nach rechts ↷ gedreht ○

nachträgliches Drehen in korrekte Perspektive ○

Legen mit Plättchen

1. legt IV (↖)
2. legt I (↖) unter IV
3. legt III (↖) auf I
4. legt II (↖) unter III

Tonbandäußerungen

Vl Dann legt jetzt mit den Plättchen nach.
Kr Fertig.
Vl Kristof, du bist fertig?
Kr Bei mir sieht es genauso aus wie auf der Zeichnung.
Ja Ich hab' auch nach der Zeichnung gemacht, sieht genauso aus.
Vl Jan, du hast es auch nach der Zeichnung? Und wie ist es mit den Klötzen? Sieht das auch genauso aus wie eure Klötze?
Kr Nein.
Ja Ja, wenn man so guckt, ja.

Allg. Beobachtung

Blickkontakt

	h	m	s
Z		X	
W			X
P			

benötigte Zeit für den 1. Ansatz: 0,5 min

Sonstiges:
Orientierung nur an Z. P. werden wieder einzeln gelegt.

P Tonbandäußerungen	Beobachtungsprotokoll	Allg. Beobachtung
Vl Jan, wenn man so guckt, von der Seite, dann ja?		
Kr Bei mir nicht.		
Vl Bei dir nicht, Kristof?		
Kr Nein.		
Vl Was sieht denn anders aus bei dir?		
Kr Hier sind ... Oder? ... Doch, ja, jetzt sieht es auch so aus. Nur etwas anders, weil das dickere Klötze sind, die haben nicht die schwarzen Ränder und so.		
Vl Etwas anders, weil's dickere Klötze sind und die schwarzen Ränder nicht da sind ... Stimmt's noch nicht, Katharina? Was stimmt denn nicht?		
Ka Ja, hier das rote und das gelbe.		
Vl Das rote?		
Ka Ja, das rote und das gelbe.		
Kr Für mich war das gar nicht schwer.		
Ja Nein.		
Vl Du kriegst das gelbe nicht drauf, Katharina ... Kannst du das rote so legen, daß das gelbe auch draufgeht?		
Ka Das ist wieder die Eisenbahn.		
Vl Klappt es nicht mit dem roten?		

P Tonbandäußerungen

Vl Sollen wir ein neues Blatt nehmen? Gut. Bei diesem Blatt jetzt nehmt ihr zuerst die Plättchen und legt es mit den Plättchen nach.
Kr Schon fertig.
Ja Ich auch.
Vl Kristof und Jan, ihr seid fertig? Habt ihr's genauso wie auf dem Blatt?
Ja/Kr Ja.
Vl Auch, Katharina?
Ka Irgendwie.
Vl Irgendwie? Ist es denn so genau richtig?
Ka Nein, das kann ich nicht.
Vl Glaubst Du wohl? Gut. Dann laßt die Plättchen nochmal liegen, so wie sie jetzt liegen. Jetzt nehmt ihr mal die Klötze und legt das, was ihr mit den Plättchen gelegt habt, mit den Klötzen nochmal nach.
Ja Fertig.
Vl Jan, hast du's genauso nachgelegt? Du auch Kristof? ... Und Katharina?
Ka Ja.
Vl Du auch?

Beobachtungsprotokoll

Arbeitsblatt Nr. 2.6

Legen mit Plättchen

1. legt II (↖)
2. legt III (↖) auf II
3. legt IV (↖) auf III

Bauen mit konkreten Würfeln

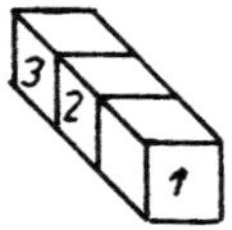

1. Ansatz

Einzelne Bauschritte	
1 stellt 3	7
2 stellt 2 vor 3	8
3 stellt 1 vor 2	9
4	10
5	11
6	12

Perspektive

korrekt ⊗

nicht korrekt ○
nach links ↺ gedreht ○
nach rechts ↻ gedreht ○

Allg. Beobachtung

Blickkontakt

	h	m	s
Z		X	
W			
P			

benötigte Zeit für den 1. Ansatz: 0,5 min

Sonstiges:
Legt sofort korrekt

Blickkontakt

	h	m	s
Z			
W			
P			X

benötigte Zeit für den 1. Ansatz: 0,5 min

Sonstiges:

P Tonbandäußerungen

Vl Gut, machen wir noch ein Blatt am Schluß. Ihr nehmt zuerst wieder die Plättchen und legt es mit den Plättchen nach.
Kr Gar nicht schwer ... Doch gar nicht so leicht.
Ja Ganz leicht.
Vl Jan, du hast es?
Kr ... (unverständlich) ... kann ich ja bei den Plättchen abgucken, wenn sie überhaupt richtig sind.
Vl Wenn sie richtig sind, kannst du dann bei den Plättchen abgucken.
Ja Kristof, kannst du das nicht?
Kr Natürlich kann ich das.
Ja Du sagtest doch eben, das wäre so leicht.
Kr Ist es ja auch.
Vl Katharina, du kriegst das rote nicht drauf?
Kr Geht ganz leicht.
Vl Kristof, du hast es? Hast du es auch, Katharina? Jan, legst du das auch eben, das rote? Und jetzt legt ihr das gleiche nochmal mit den Klötzen nach.
S Fertig.
S Fertig.
Vl Katharina und Kristof, ihr seid fertig
Ja Ich auch.
Vl Jan, du auch. Genau das gleiche bei euch?
Ja Ja, kann man sagen.
Vl Ja? Katharina, bei dir auch?
Ka Ja.
Vl Gut.

Beobachtungsprotokoll

Arbeitsblatt Nr. 2.8

Legen mit Plättchen

1. legt I (↗)
2. legt I beiseite
3. legt II (↗)
4. legt III (↙) auf II
5. legt III (↗) auf II
6. legt IV (↗) auf III
7. legt I (↗) auf II

Bauen mit konkreten Würfeln

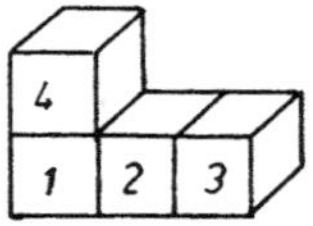

1. Ansatz

Einzelne Bauschritte	
1 stellt 1	7
2 stellt 4 auf 1	8
3 stellt 2 rechts neben 1	9
4 stellt 3 rechts neben 2	10
5	11
6	12

Perspektive

korrekt ⊗

nicht korrekt ○
nach links ↺ gedreht ○
nach rechts ↻ gedreht ○

Allg. Beobachtung

Blickkontakt

	h	m	s
Z		X	
W			
P			

benötigte Zeit für den 1. Ansatz: 1 min

Sonstiges:
Legt die P. einzeln. Drehbewegungen der P.

Blickkontakt

	h	m	s
Z			
W			
P		X	

benötigte Zeit für den 1. Ansatz: 0,5 min

Sonstiges:

D Kriterien für die Leistungsbewertung beim Aktivitätsbereich Plättchenmaterial

<u>Konfigurationen aus zwei Würfeln</u>

Die Aufstellung bezieht sich auf den Informationsträger Zeichnung. Bei der Vorlage konkrete Würfel treten leichte Abänderungen dadurch ein, daß kein Punktabzug in Zusammenhang mit der perspektivischen Ausrichtung ( ,  oder ) erfolgt.

Punktwert	Rekonstruktionstyp
4	der Vorlage voll (auch in der Perspektive) entsprechende Reproduktion
3	korrekte Reproduktion in einer anderen sinnvollen Perspektive Verlagerung der Dimension in eine andere unter Beibehaltung der Substanz der Vorlage (z. B. Tiefe in Breite)
2	Verlagerung der Dimension in eine andere unter Veränderung der Substanz der Vorlage (z. B. Tiefe in Höhe) "korrekte" Reproduktion in einer nicht sinnvollen Perspektive Kante an Kante legen (andeutungsweises Überdecken) der Plättchen in der vorgegebenen Perspektive
1	Kante an Kante legen (andeutungsweises Überdecken) der Plättchen in einer anderen sinnvollen Perspektive
0	sonstige Reproduktionen

Konfigurationen aus drei Würfeln

Bei gleichzeitigem Auftreten zweier (leichter) Fehler erfolgen entsprechende Modifikationen in der Bewertung; diese Fehlertypen sind hier nicht mit aufgeführt.

Punktwert	Rekonstruktionstyp
4	der Vorlage voll (auch in der Perspektive) entsprechende Reproduktion
3	korrekte Reproduktion in einer anderen sinnvollen Perspektive Verlagerung einer Dimension in eine andere unter Beibehaltung der Substanz der Vorlage korrekte Reproduktion zweier Plättchen, gedrehte Lage des dritten einheitlich korrekte Perspektive bei teilweisem Überdecken
2	Verlagerung einer Dimension in eine andere unter Veränderung der Substanz der Vorlage "korrekte" Reproduktion in einer nicht sinnvollen Perspektive Kante an Kante legen (andeutungsweises Überdecken) der Plättchen in der vorgegebenen Perspektive
1	gleichzeitiges Auftreten zweier "leichter" Fehler, etwa: .Reproduktion eines Bestandteils aus zwei Plättchen in einer einheitlichen, jedoch nicht sinnvollen Perspektive
0	sonstige Reproduktionen

Konfigurationen aus vier Würfeln

Punktwert	Rekonstruktionstyp
4	der Vorlage voll (auch in der Perspektive) entsprechende Reproduktion
3	korrekte Reproduktion in einer anderen sinnvollen Perspektive Verlagerung einer Dimension in eine andere unter Beibehaltung der Substanz der Vorlage korrekte Reproduktion dreier Plättchen, gedrehte Lage des vierten einheitlich korrekte Perspektive bei teilweisem Überdecken
2	Verlagerung einer Dimension in eine andere unter Veränderung der Substanz der Vorlage "korrekte" Reproduktion in einer nicht sinnvollen Perspektive Kante an Kante legen (andeutungsweises Überdecken) der Plättchen in der vorgegebenen Perspektive Zerfallen der Figur in zwei perspektivisch einheitliche Bestandteile zu je zwei Plättchen
1	gleichzeitiges Auftreten zweier "leichter" Fehler, etwa: Reproduktion eines Bestandteils aus zwei Plättchen in einer einheitlichen, jedoch nicht sinnvollen Perspektive
0	sonstige Reproduktionen

E Statistische Tabellen

1. Testergebnisse

		0	1	2	3	4	5	6
VT	EG	0	0	0	0	4	9	43
	KG	0	1	1	2	2	8	37
NT	EG	0	1	1	1	1	7	44
	KG	1	0	0	1	1	4	42

Tab. I : Ergebnisse von Test 1
(absolute Häufigkeiten zu Abb. 29)

		0	1	2	3	4	5	6	7	8	9	10
VT	EG	0	0	0	0	0	0	2	0	7	11	36
	KG	0	0	0	0	0	0	1	1	2	16	31
NT	EG	0	0	0	0	0	0	0	2	0	4	48
	KG	0	0	0	1	1	0	0	0	1	9	37

Tab. II : Ergebnisse von Test 2
(absolute Häufigkeiten zu Abb. 30)

		0	1	2	3	4
VT	EG	3	1	9	15	27
	KG	1	3	6	15	28
NT	EG	0	4	7	16	28
	KG	3	4	9	10	22

Tab. III: Ergebnisse von Test 3
(absolute Häufigkeiten zu Abb. 31)

		0	1	2	3	4
VT	EG	1	9	11	15	20
	KG	4	6	9	12	21
NT	EG	2	8	7	9	29
	KG	2	3	10	17	18

Tab. IV : Ergebnisse von Test 4
(absolute Häufigkeiten zu Abb. 32)

2. Aktivitätsbereich konkrete Würfel

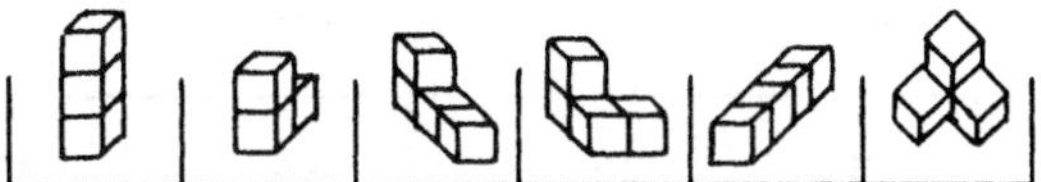

0	13	0	0	4	3	11
1	40	53	53	49	53	45

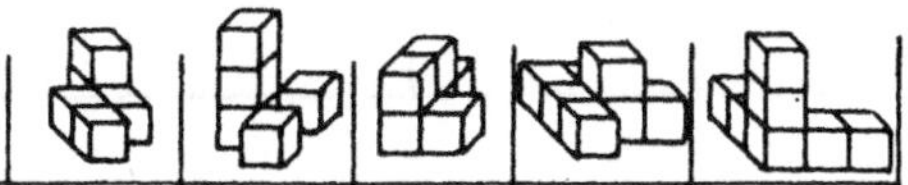

0	6	10	5	12	6
1	50	46	51	44	50

Tab. V : Leistungsbewertung bei den Aufgaben des Typs Z ⟶ W (absolute Häufigkeiten zu Abb. 33)

K1	22	22	18	23	39	40
K2	17	11	17	23	5	14
K3	1	20	18	3	11	2

K1	10	21	15	17	23
K2	40	19	33	34	29
K3	5	14	8	4	4

Tab. VI : Perspektivenbeachtung bei den Aufgaben des Typs Z ⟶ W (absolute Häufigkeiten zu Abb. 34)

		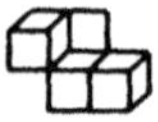	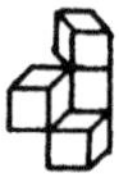	
gesamt	18	20	24	47
starke Vpn	9	8	7	18
schwache Vpn	5	6	5	16

Tab. VII: Vpn, die die jeweilige Plättchenfigur für nicht korrekt nachbaubar halten (absolute Häufigkeiten zu Abb. 38)

3. Aktivitätsbereich Plättchenmaterial

				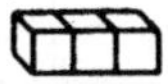		
0	23	16	20	14	3	5
1	2	1	-	4	8	14
2	11	9	15	5	5	11
3	6	13	12	16	9	12
4	14	17	9	17	28	11

		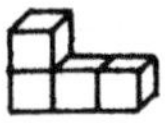				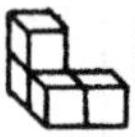
0	6	3	6	7	9	7
1	11	11	13	14	16	16
2	10	14	19	10	15	18
3	8	8	3	3	8	1
4	18	17	16	19	9	11

Tab. VIII: Leistungsbewertung bei den Aufgaben des Typs Z ⟶ P (absolute Häufigkeiten zu Abb. 50)

				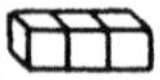		
e	34	40	32	37	33	29
v	21	20	18	19	23	18
s	6	12	5	14	3	7

e	25	26	27	25	25	23
v	17	17	22	11	16	14
s	5	6	4	11	8	6

e : einheitliche Perspektive
v : vorgegebene Perspektive
s : zur vorgegebenen Perspektive spiegelbildliche Perspektive

Tab. IX: Perspektivenbeachtung bei den Aufgaben des Typs Z ⟶ P (absolute Häufigkeiten zu Abb. 51)

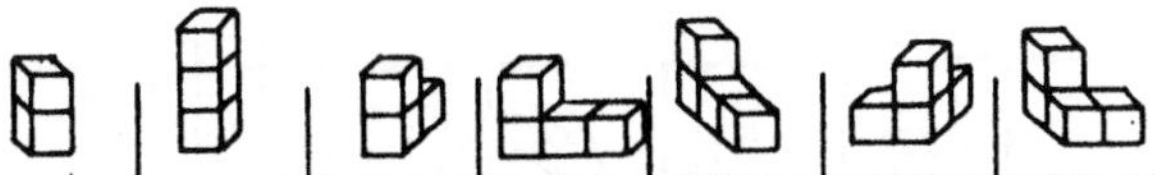

Höhe							
R	29	27	26	28	24	28	30
V	1	-	3	3	1	1	4

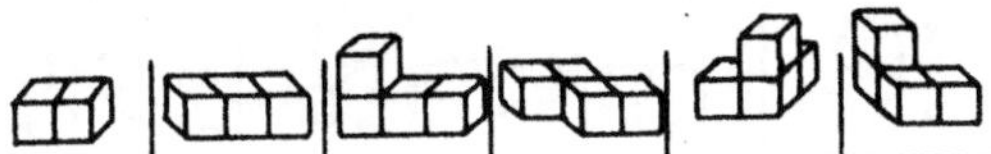

Breite						
R	21	31	29	24	38	31
V	1	1	1	1	-	1

Tiefe							
R	12	11	8	23	8	12	13
V	17	14	19	10	16	18	17

R : korrekte Reproduktion

V : Verlagerung in andere Dimension

Tab. X: Dimensionswiedergabe
(absolute Häufigkeiten zu Abb. 52)

A	30	25	25	42	38	25
R	22	26	23	32	35	25
		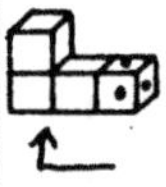				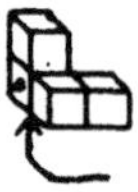
A	30	20	-	21	38	21
R	17	16	35	14	17	21

A : bevorzugtes Anfangsplättchen ()

R : bevorzugte Reihenfolge (⟶)

Tab. XI: bevorzugte Rekonstruktionsstrategien (absolute Häufigkeiten zu Abb. 53)

W	19	17	15	13
Z	34	34	35	40

W : Bevorzugung der Würfelfigur

Z : Bevorzugung der Zeichnung

Tab. XII: Bevorzugungen des Informationsträgers (absolute Häufigkeiten zu Abb. 54)

							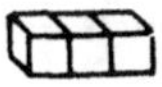	
	vor H2	nach H2	vor H2	nach H2	vor H2	nach H2	vor H2	nach H2
0	23	17	16	11	20	12	14	9
1	2	2	1	1	-	1	4	6
2	11	8	9	7	15	13	5	6
3	6	8	13	14	12	12	16	16
4	14	21	17	22	9	18	17	19

Tab. XIII: Leistungsbewertung vor und nach Hilfe 2
(absolute Häufigkeiten zu Abb. 55)

				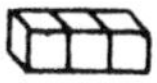
vor H2	35	40	43	45
nach H2	43	48	50	49

Tab. XIV : Rekonstruktionen mit Überdeckungen
vor und nach Hilfe 2
(absolute Häufigkeiten zu Abb. 56)

					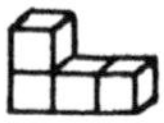						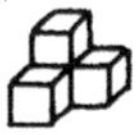
	Z	W	Z	W	Z	W	Z	W	Z	W	W
0	16	9	5	3	3	5	6	10	9	9	7
1	1	0	14	5	11	8	13	16	16	13	16
2	9	13	11	22	14	12	19	17	15	19	15
3	13	0	12	4	8	8	3	3	8	8	6
4	17	35	11	23	17	24	16	10	9	7	12

Tab. XV : Leistungsbewertung bei den Aufgaben mit den Informationsträgern Zeichnung (Z) und konkrete Würfel (W) (absolute Häufigkeiten zu Abb. 94)

			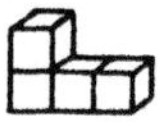			
e	37	36	27	25	24	21
	14	17	19	19	17	16
	17	14	6	5	5	3

e. : einheitliche Perspektive

Tab. XVI: Perspektivenbevorzugung bei den Aufgaben des Typs W⟶P (absolute Häufigkeiten zu Abb. 95)

Anfangs-plättchen			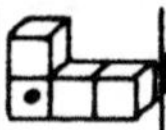	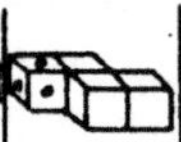		
W ⟶ P	43	24	26	36	24	26
Z ⟶ P	25	20	16	39	38	-

Reihen-folge			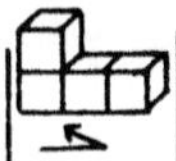	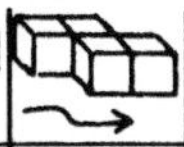	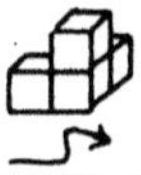	
W ⟶ P	44	21	16	25	11	9
Z ⟶ P	21	25	5	35	21	-

Tab. XVII: dominierende Rekonstruktionsstrategien bei den Aufgaben des Typs W ⟶ P im Vergleich zu den entsprechenden Aufgaben des Typs Z ⟶ P (absolute Häufigkeiten zu Abb. 96)

GPSR Compliance

The European Union's (EU) General Product Safety Regulation (GPSR) is a set of rules that requires consumer products to be safe and our obligations to ensure this.

If you have any concerns about our products, you can contact us on ProductSafety@springernature.com

In case Publisher is established outside the EU, the EU authorized representative is:

Springer Nature Customer Service Center GmbH
Europaplatz 3
69115 Heidelberg, Germany

Batch number: 10809636

Printed by Printforce, the Netherlands